"Falar sobre o fenômeno da mudança climática é uma maneira de garantir justiça para a humanidade. Mary Robinson, como enviada especial da ONU para mudança climática e alta comissária da ONU para direitos humanos, tem sido uma campeã mundial em trazer justiça para todos. Seu livro inspira e nos guia sobre o que fazer para proteger a humanidade e o nosso único mundo."

Ban Ki-moon, ex-secretário-geral da ONU (2007-2017) e membro do grupo The Elders

"Desenvolvimento sustentável é o coração da justiça climática – proteger o planeta agora e para as gerações que virão. As histórias neste livro revelam a experiência de vida de pessoas que fazem exclusivamente isso, adaptando-se e fortalecendo sua resiliência frente à mudança climática. São lições de homens e mulheres corajosos que todos nós deveríamos guardar."

Gro Harlem Brundtland, ex-primeira-ministra da Noruega (1998-2003)

"Mary Robinson dá poder à voz daqueles profundamente atingidos pela mudança climática – em especial mulheres – e a traz ao cerne da consciência para impelir tomadores de decisões a agir em prol do coletivo."

Graça Machel, ex-ministra da Educação de Moçambique (1976-1990), membro do grupo The Elders e ativista pelos direitos humanos em Moçambique e na África do Sul

"A justiça climática, como princípio, reflete o imperativo moral e histórico de que todos os países atuem na questão da mudança climática d̶e̶ ̶m̶a̶n̶e̶i̶r̶a̶ ̶j̶u̶s̶t̶a̶,̶ igualitária e inclusiva, observando particul̶a̶r̶m̶e̶n̶t̶e̶ ̶a̶s̶ ̶p̶e̶s̶s̶o̶a̶s̶ que vivem nos países m̶a̶i̶s̶ ̶p̶o̶b̶r̶e̶s̶ ̶e̶ ̶v̶u̶l̶n̶e̶r̶á̶v̶e̶i̶s̶ do

isso em mente e contemplando o futuro, também devemos refletir sobre o passado e agir sem demora. Como observa Mary Robinson no prefácio de seu livro *Justiça climática*, "o mundo agora está passando por outra crise, a crise da Covid-19, que traz valiosas lições sobre a maneira como podemos enfrentar a crise climática". Agora precisamos deduzir o que for necessário dessas lições, ouvir claramente o que os especialistas dizem e entender e respeitar plenamente o que o nosso planeta nos mostra. Precisamos abraçá-lo e protegê-lo. Para isso, devemos ser ambiciosos e assegurar que as iniciativas relativas ao clima (políticas e planos públicos) sejam inclusivas e participativas, em especial no que diz respeito a comunidades locais, grupos indígenas, mulheres e jovens. Desse modo, poderemos alcançar um nível zero de emissões de carbono até 2050 e legar um mundo que meu filho, nossos filhos e as futuras gerações possam desfrutar."

Eoin Bennis, cônsul-geral da Irlanda em São Paulo

"A emergência climática é um dos maiores desafios civilizatórios. As histórias deste livro nos inspiram e guiam sobre o que podemos fazer para protegermos o planeta, o meio ambiente, os seres humanos e, em especial, as gerações presentes e futuras. As crianças, vulneráveis que são, estão entre as maiores vítimas dessa emergência e, para terem os seus direitos fundamentais garantidos, precisam de acesso e convívio com a natureza e com um ambiente ecologicamente equilibrado."

Marcos Nisti, CEO do Alana

"Este livro nos provoca a entender a relevância de irmos além de metas de 'neutralidade de carbono'; passa por compreender não só os impactos sociais das mudanças climáticas, mas também por aplicar metas específicas que consigam garantir direitos, especialmente dos mais afetados nas linhas de frente. Sem isso não teremos justiça climática!"

Ana Toni, diretora executiva do Instituto Clima e Sociedade

"Assim como os de outras partes do globo, os povos originários do Brasil têm nos lembrado constantemente de que a Mãe Terra é vida e que é necessário defendê-la, protegendo a Terra e todos os seres vivos. Em *Justiça climática*, Mary Robinson faz o trabalho indispensável de tornar acessível as vozes e histórias de vida de homens e mulheres, que revelam suas lutas para garantir a vida, em face da mudança climática. Que eles sejam ouvidos e possamos aprender com sua sabedoria!"

*Ana Vilacy Galúcio, pesquisadora sênior
do Museu Paraense Emílio Goeldi em Belém, Pará*

"O livro é incrível. A abordagem sobre a mudança climática é superimportante para a conscientização e educação sobre o tema. Mas, além disso, é necessário para que minha geração e as seguintes tenham direito a um futuro justo. Uma leitura superrecomendada!"

*Catarina Lorenzo, jovem ativista climática
e integrante da ação Crianças vs Crise Climática*

"Este é um livro sobre gente: agricultores e ativistas da África, Ásia e América, pessoas cujo modo de viver está arruinado pela mudança climática e sua injustiça. Ainda assim, esta é também uma celebração da luta dessas pessoas. Fiquei emocionado pelas inúmeras histórias das incríveis lideranças de mulheres que batalham pela própria comunidade."

*Mo Ibrahim, fundador da African Foundation
e da companhia de telecomunicações Celtel*

"Robinson demonstra de modo poderoso e cativante como a crise climática é uma crise humanitária e requer, mais que mitigações e adaptações, uma recuperação do senso de destino compartilhado. De maneira simples, a ação contra a mudança climática deve ser um trabalho feito para o bem de todos ou não funcionará para ninguém."

Richard Branson, empresário fundador do grupo Virgin

"Dar voz aos que antes foram calados, dar espaço à mesa não só aos poderosos que estão agindo de maneira negligente, mas àquelas pessoas que estão sofrendo as consequências alarmantes (…). Esperançosa e otimista, Robinson nos conta histórias cativantes de feitos extraordinários de pessoas comuns."

Kirkus Review

"Ao dar rosto e voz àqueles na linha de frente, Robinson mostra os impactos cotidianos da mudança climática ao redor do mundo, tornando a ameaça mais real, mais presente e, em última instância, mais alarmante […]. *Justiça climática* é uma leitura instigante, fácil e vai persuadir pessoas a assumirem sua responsabilidade individual pelo problema."

Ms. Magazine

"Temos visto Brasil afora que oscilações atípicas de temperaturas vem nos fazendo sentir na pele as mudanças climáticas. E com esse tópico emerge cada vez mais urgentemente o da justiça climática. No ano de 2021, movimentos sociais denunciaram óbitos de pessoas em situação de rua por hipotermia em São Paulo. Temos um quadro inegável de injustiça climática. Uma mistura de injustiça social e racial, pois sabemos que boa parte da maioria que sofre com tais condições no Brasil são negros e indígenas. Não podemos desistir do nosso planeta."

Luana Genot, diretora executiva do Instituto Identidades do Brasil (ID_BR)

JUSTIÇA CLIMÁTICA

Esperança, resiliência e a luta por um futuro sustentável

Mary Robinson

Tradução:
Leo Gonçalves e Clóvis Marques

2ª edição

CIVILIZAÇÃO BRASILEIRA

Rio de Janeiro
2023

Copyright © Mary Robinson, 2018
Esta tradução de JUSTIÇA CLIMÁTICA foi publicada pela EDITORA CIVILIZAÇÃO BRASILEIRA, um selo da Editora José Olympio Ltda., mediante acordo com Bloomsbury Publishing Inc. Todos os direitos reservados.

Copyright da tradução © Civilização Brasileira, 2021

Diagramação: Abreu's System
Capa: Estúdio Desayno

Título original: *Climate Justice*

Todos os direitos reservados. É proibido reproduzir, armazenar ou transmitir partes deste livro, através de quaisquer meios, sem prévia autorização por escrito.

Texto revisado segundo o Acordo Ortográfico da Língua Portuguesa de 1990.

Direitos desta tradução adquiridos pela
EDITORA CIVILIZAÇÃO BRASILEIRA
Um selo da
EDITORA JOSÉ OLYMPIO LTDA.
Rua Argentina, 171 – Rio de Janeiro, RJ – 20921-380 – Tel.: (21) 2585-2000.

Seja um leitor preferencial Record.
Cadastre-se no site www.record.com.br e receba informações sobre nossos lançamentos e nossas promoções.

Atendimento e venda direta ao leitor:
sac@record.com.br

CIP-BRASIL. CATALOGAÇÃO NA PUBLICAÇÃO
SINDICATO NACIONAL DOS EDITORES DE LIVROS, RJ

R556j
Robinson, Mary
Justiça climática: esperança, resiliência e a luta por um futuro sustentável / Mary Robinson, Caitríona Palmer; tradução Leo Gonçalves. – 2. ed. – Rio de Janeiro: Civilização Brasileira, 2023.

Tradução de: Climate justice
ISBN 978-65-5802-043-1

1. Justiça ambiental. 2. Mudanças climáticas – Aspectos sociais. I. Palmer, Caitriona. II. Gonçalves, Leo. III. Título.

21-72771
CDD: 363.7
CDU: 502.1

Leandra Felix da Cruz Candido – Bibliotecária – CRB-7/6135

Impresso no Brasil
2023

Àqueles e àquelas cujas histórias de esperança e resiliência inspiraram este livro.

SUMÁRIO

Apresentação   11
Prefácio: Contextualização climática no Brasil   15
Introdução especial para a edição brasileira   21
Prólogo: Marrakesh   29

1. Entendendo a justiça climática   33
2. Aprendendo pela experiência vivida   47
3. A ativista acidental   59
4. Línguas desaparecidas, terras desaparecidas   77
5. Um lugar à mesa   89
6. Pequenos passos rumo à igualdade   105
7. Migrando com dignidade   117
8. Assumindo a responsabilidade   129
9. Não deixar ninguém para trás   143
10. Paris: o desafio de pôr em prática   163

Agradecimentos   185
Sobre as organizações   189

Apresentação

Era verão, era véspera de Natal e "era" pandemia. Um dia antes do tão esperado recesso coletivo. Estávamos exaustas de um ano que atropelou nossos sonhos, bagunçou nossas emoções e ameaçou nossa sobrevivência. Tínhamos tudo, então, para finalizar o ano com certo tom de desesperança. Até que uma ideia em comum surgiu para iniciar 2021 com novo fôlego: "E se a gente traduzisse o livro de justiça climática da Mary Robinson para o Brasil?"

Aquela foi a primeira reunião entre a LACLIMA e o Instituto Alana. Um reencontro significativo de uma rede latino-americana com um instituto brasileiro que já se conheciam e se admiravam, mas sobretudo tinham uma paixão em comum: a justiça climática. Em uma avalanche de ideias que não paravam de explodir por todos os lados, em cada uma de nós, chegamos à conclusão de que estava faltando uma obra literária que ilustrasse o significado e a missão de um tema tão caro para a nossa atuação profissional — e para a nossa vida. Uma obra que trouxesse luz às invisibilidades e ausências de um movimento que denuncia as injustiças na agenda de mudança do clima. Um verdadeiro manifesto, como gostamos de chamar este livro, que apresenta vozes, histórias e caminhos rumo à justiça climática.

Além das nossas inquietações com o tema, também partilhamos uma admiração mútua pela autora Mary Robinson. Sua história, suas lutas travadas e suas palavras, tudo isso é um legado perene. Reconhecemos que, embora sua narrativa não tenha sido ancorada na realidade do Brasil, ela traz princípios inegociáveis da justiça climática. Diante de tal convicção, por que não traduzir o livro? Por que não fomentar conhecimento sobre um tema ainda tão ausente dos espaços decisórios e de poder? Por que não amplificar ainda mais a voz de Mary Robinson para o Brasil?

Sim, nós podemos fazer isso juntas. Foi como um grito uníssono. Abraçamos o desafio, traçamos um cronograma e chegamos, enfim, a esta página. O que era um plano de trabalho promissor para duas organizações da sociedade civil transformou-se em um sonho concretizado. Para nós, a LACLIMA e o Instituto Alana, este livro abre novas janelas de reflexão e conscientização sobre justiça climática e ambiental, um tema que nos coloca frente a múltiplos desafios sociais, interseccionais e institucionais.

Contudo, galgamos cada passo desta iniciativa com compromisso e responsabilidade diante da urgência de cada criança, adolescente, jovem, adulto e idoso desta e das próximas gerações. De famílias, coletivos, movimentos e redes. De populações de baixa renda, pretas, periféricas, em situação de rua, indígenas, quilombolas, refugiadas, quebradeiras de coco, caiçaras. De todas as mulheres, a comunidade LGBTQI+ e absolutamente todos os grupos desproporcionalmente afetados pela crise climática no Brasil afora.

APRESENTAÇÃO

Assumimos as limitações de falar sobre (qualquer) justiça em um país que ocupa um dos primeiros lugares do *ranking* de desigualdade social no mundo e onde a injustiça tem cor, gênero e lugar social. Conscientes, então, das fronteiras de um tema complexo, acreditamos que a obra de Mary Robinson é um alicerce em meio à turbulência de um dos maiores desafios civilizatórios, impulsionado pelo aquecimento global. E, se há turbulência, há também esperança; se há esperança, há transformação. Afinal, a justiça climática não é – jamais foi – um desafio no singular. Ela se apresenta no plural, em tributo às vidas desprotegidas e vulnerabilizadas pela crise climática.

Recebam, portanto, as páginas a seguir como um presente que promete revolucionar o nosso olhar crítico e o senso de emergência. Por aqui, consideramo-nos embaixadoras da justiça climática. Isso apenas reitera que demos as mãos à narrativa e aos incontáveis aprendizados desta obra para sonhar com o porvir das presentes e futuras gerações.

Que seja, então, uma leitura imersiva de *confronto e conforto*!

Com compromisso,
LACLIMA e Instituto Alana

Prefácio

CONTEXTUALIZAÇÃO CLIMÁTICA NO BRASIL

VIVER UMA PANDEMIA faz com que muitos questionamentos venham à nossa mente, tanto de natureza filosófica quanto pragmática. Nas conversas, uma pergunta (camuflada de convicção) que sempre se faz presente é: seria este o *novo normal*?

O avanço da ciência e sua rapidez em responder ao coronavírus nos trouxeram um fio de esperança para que possamos voltar a rever os sorrisos de estranhos nas ruas e sentir o abraço daqueles que amamos. Porém, já mudamos e nos adaptamos a uma realidade que chegou de forma avassaladora para todos e todas, mudando o dia a dia de toda a sociedade, escancarando as mazelas sociais e aumentando ainda mais as desigualdades.

O que estamos vivendo é apenas um trailer de um longo filme a que já começamos a assistir. E o nome do filme é mudança climática. De forma sucinta, a mudança do clima é causada pela ação humana na Terra, como a queima de combustíveis fósseis derivados do petróleo, carvão mineral e gás natural para geração de energia, atividades industriais e transportes. Outro fator relevante é a conversão do uso do solo para atividades como a agropecuária, os descartes de resíduos sólidos e o desmatamento. Todas as atividades citadas emitem grande quantidade de CO_2 e de outros gases formadores do efeito estufa, responsável pelo aquecimento do planeta.

Em agosto de 2021, o Painel Intergovernamental de Mudanças Climáticas (IPCC) lançou o sexto relatório, e desde 1990 tem alertado o mundo sobre as consequências do aquecimento global. O documento reflete o consenso científico e os estudos mais respeitados. Contou com 801 autores e revisores, sendo 21 deles brasileiros.

Segundo o IPCC, estamos diante de uma realidade preocupante. A Terra está 1,09 °C mais quente comparado ao 1,07 °C no período pré-industrial. Esse aquecimento, que parece pequeno aos nossos olhos, torna o aumento do nível do mar, o degelo e a mudança nos oceanos movimentos irreversíveis. Isso significa que teremos eventos climáticos extremos, como tempestades, secas, ondas de calor, furacões, tornados e enchentes cada vez mais frequentes em intervalos menores e com muito mais intensidade.

Ao citar os efeitos drásticos da mudança climática, fica perceptível que os direitos humanos estão ameaçados, assim como as demandas sobre os impactos gerados na saúde devido à poluição; a insegurança alimentar em razão das secas; a instabilidade de alojamento e infraestrutura em virtude das inundações, principalmente de regiões costeiras, desencadeando o desaparecimento de tradições e culturas locais; a restrição ao acesso à educação — entre tantos outros fatores que ameaçam a vida em sociedade, começando pelos mais vulnerabilizados.

Um país tão rico e pulsante em biodiversidade e água potável como o Brasil precisa ser protegido. Projeções climáticas sugerem a diminuição de 22% da chuva no Nordeste brasileiro, significando uma importante diminuição de recursos hídricos em função das mudanças climáticas.[1] O desmatamento na Amazônia desregula, por exemplo, os rios voadores, que são cursos de água atmosféricos, formados por massas de ar carregadas de vapor de água. Essa corrente de ar invisível, levada pelos ventos, passa por cima de nossa cabeça e carrega a umidade da bacia Amazônica para as regiões Centro-Oeste, Sudeste e Sul do Brasil.

O cenário é alarmante e nos obriga a ter uma visão humanizada da crise que vivenciamos. A mudança climática é injusta; afinal, aqueles que menos impactam o ambiente são os que mais sofrem — os mais vulnerabilizados, as populações ribeirinhas, os quilombolas, as mulheres e as crianças.

O Brasil, assim como o resto do mundo, tem trilhado sua jornada para uma sociedade de baixo carbono a passos lentos, mas é preciso fazer muito mais de forma mais rápida e efetiva. Em dezembro de 2009 foi promulgada a lei da Política Nacional de Mudança Climática (PNMC), que indicava um país engajado no compromisso com uma agenda de mitigação e adaptação, mostrando que, mesmo que não houvesse aderência, o país seguiria no caminho da preservação.

Em 2015, o Brasil fechou acordo sobre combate à mudança climática, marcando compromissos ambiciosos com os objetivos da Conferência das Partes (COP21), que é o órgão supremo da Convenção-Quadro das Nações Unidas sobre Mudança do Clima (United Nations Framework Convention on Climate Change – UNFCCC). Em 2016, os esforços do Brasil e de outros países começaram a ser colocados em prática com a entrada em vigor, antecipadamente, do Acordo de

---

[1] Disponível em: <www.www.ipcc.ch/site/assets/uploads/2018/02/WGIIAR5--Chap27_FINAL.pdf>.

Paris. Ainda assim, precisamos admitir que todos os esforços e iniciativas foram insuficientes diante da emergência climática a ser enfrentada.

Contudo, em 2017, o Brasil começou a apresentar sinais ambíguos. Enquanto a crise econômica e institucional se aprofundava, o compromisso com a pauta climática pareceu se esvaziar. Além das ações do país, o cenário global não era favorável. Nos anos seguintes, o Brasil saiu de uma posição de destaque na temática, após desistir de sediar a COP25, em 2019, e quase desistiu de sediar a Semana do Clima da América Latina e Caribe.

Em 2019, o Ministério do Meio Ambiente (MMA) bloqueou 82% da verba para o clima. Esse foi mais um exemplo da nova postura negacionista do governo federal ante os compromissos com o clima.

Contudo, vemos florescer uma sociedade ainda mais pulsante e unida para um Brasil que caminha para um desenvolvimento econômico e social de carbono zero. Os movimentos sociais pelo clima e por justiça climática assumem uma importância ímpar; municípios e estados começam a ter protagonismo na agenda climática; jovens, com toda a sua coragem, começam a falar e agir para proteger seu futuro, que ainda parece incerto; a sociedade começa a exigir que as escolas abordem esse tema de forma a instruir e proteger as novas gerações — afinal, crianças e adolescentes enfrentam uma combinação mortal de exposição a múltiplos choques climáticos com alta vulnerabilidade, em razão dos serviços essenciais inadequados, como fornecimento de água e saneamento, saúde e educação.

Estamos diante de uma situação muito complexa que exige que todos nós rememos para uma mesma direção. Uma direção na qual o Brasil — e o mundo — acabe com o desmatamento, pare de queimar combustíveis fósseis e invista em energias limpas. E com muita urgência precisamos nos adaptar para que vidas, empregos e comunidades fiquem resguardados enquanto pressionamos nossos representantes para que políticas públicas efetivas para uma sociedade de baixo carbono sejam implementadas. Espera-se que a política absorva a pauta climática de maneira transversal para a formulação de toda e qualquer decisão política.

O primeiro passo para essa jornada é se conectar com o que significa justiça climática, e a melhor forma de compreendê-la é humanizando seus efeitos e consequências. Este livro é um convite para que você possa compreender a mudança climática além dos números e projeções científicas, de maneira a perceber que ela afeta tudo e todos na sociedade – começando pelos mais vulnerabilizados até inevitavelmente chegar a você.

Boa leitura!

Angela Barbarulo
Andréia Coutinho Louback
Caroline Medeiros Rocha Frasson
Danilo Farias
Flavia Bellaguarda
JP Amaral
Equipe Alana e LACLIMA

Introdução especial para a edição brasileira

No momento em que escrevo, em setembro de 2021, tenho um sentimento muito real de que a humanidade corre risco de uma maneira que diz respeito a todos nós. Os cientistas nos dizem que nosso prazo está chegando ao fim. O recente VI Relatório de Avaliação do Painel Intergovernamental sobre Mudanças Climáticas (Intergovernmental Panel on Climate Change – IPCC) informa que as chances de limitar a 1,5 °C a elevação da temperatura global são pequenas, mas que ainda é possível. As onze histórias relatadas neste livro, histórias de esperança, resiliência e luta por um futuro sustentável, deixam claro que precisamos reagir com determinação ao relatório do IPCC para concretizar essa possibilidade. Gosto muito de uma frase dita por Nelson Mandela, fundador, em 2007, do grupo The Elders, que atualmente presido: "Sempre parece impossível, até que alguém faz."

O mundo agora está passando por outra crise, a da Covid-19, que traz valiosas lições sobre a maneira como podemos enfrentar a crise climática.

Em primeiro lugar, sabemos que *o comportamento humano coletivo é fundamental*, por ter sido a única coisa que nos protegeu até começarem a ser implementadas as vacinas.

Precisamos de mudanças comportamentais em todos os níveis para fazer a transição para um mundo sustentável, com uma economia circular e sem desperdício.

Em segundo lugar, aprendemos que *a governança é fundamental*, e é possível constatar quais governos lidaram de maneira eficaz com a pandemia e quais não se mostram à altura. O mesmo se aplica às ações governamentais necessárias para lidar com a crise climática.

Em terceiro lugar, *a ciência é fundamental*. À medida que a pandemia avançava, vimos como os governos se mostravam atentos às recomendações médicas especializadas. Precisamos que os governos deem a mesma atenção aos cientistas do clima, para formular adequadamente suas políticas imediatas e de longo prazo.

Por fim, *a compaixão é fundamental*. Em todo o mundo tivemos testemunhos de maior empatia em relação ao sofrimento dos outros, à medida que a Covid-19 nos tirava da zona de conforto. Essa compaixão é mais evidente no nível nacional e particularmente no local. Precisamos que ela se mostre mais presente em nível internacional, assegurando um acesso igualitário às vacinas nos países em desenvolvimento, caso contrário corremos o risco de enfrentar novas variantes – o que também afetará esses países. Compaixão e empatia são necessárias para efetivar as ambiciosas decisões das Contribuições Determinadas a Nível Nacional (Nationally Determined Contributions – NDC) da COP26 e assegurar os 100 bilhões de dólares anuais que permitirão que os países em desenvolvimento se adaptem aos graves impactos da crise climática.

Perdemos quatro anos de liderança estadunidense durante o governo Donald Trump, mas o presidente Joe Biden entende perfeitamente a gravidade da crise climática, e as graves consequências climáticas no hemisfério norte têm reforçado a mensagem de que não se trata de uma crise do futuro, mas do agora.

Meu sentimento de que precisamos viver em harmonia com a natureza se intensificou ainda mais desde que escrevi *Justiça climática*. Em agosto de 2019, pude assistir com meus próprios olhos ao colapso do tempo geológico do planeta. Numa encosta das montanhas centrais da Islândia, presenciei a extinção da geleira de Okjökull ao lado da primeira-ministra Katrín Jakobsdóttir e de um pequeno grupo de pesquisadores, militantes, jornalistas e crianças. No fim do século XIX, a geleira se estendia por dezesseis quilômetros quadrados, mas no início deste século estava reduzida a um monte de lama de menos de um quilômetro. Oddur Sigurosson, um dos mais destacados glaciólogos da Islândia, constatou a morte de Okjökull, declarando-a a primeira geleira perdida no país em consequência da mudança climática.

Duas semanas depois, viajei para a Groenlândia, numa expedição científica. O país, cuja superfície é majoritariamente coberta por uma camada de gelo, enfrentava inédita onda de calor. Certa manhã, a temperatura chegou a 16 °C; sentei-me sozinha perto da borda de outra geleira em processo de degelo, ouvindo as reverberações do "desprendimento" de blocos de gelo das extremidades. Lembrava um ruído de fogo de artilharia distante, uma ressonância ricocheteando em *staccato* do terreno rochoso formado a partir da lava. Naquele momento, senti forte conexão com a natureza e ao mesmo tempo muita vergonha. Todo verão eu assisto com crescente preocupação ao derretimento do gelo na Groenlândia, com suas consequências para o aumento do nível do mar em todo o planeta.

Em 2018, o IPCC divulgou um histórico relatório, atendendo um pedido do Acordo de Paris, no qual descortinava perspectivas apavorantes caso seja ultrapassada no mundo a marca de 2 °C de aquecimento. Se prosseguirem no atual nível as emissões de gases do efeito estufa, advertia o relatório, até 2040, a atmosfera sofrerá aquecimento de até 1,5 °C acima dos níveis pré-industriais. Nesse padrão de aquecimento, 18% dos insetos do planeta, 16% das plantas e 8% dos vertebrados perderiam mais de metade do seu hábitat. Os cientistas alertaram que o mundo inteiro deveria permanecer em 1,5 °C ou abaixo, o que, segundo eles, seria "viável se houver vontade política".

Sete meses depois, a Organização das Nações Unidas (ONU) fez nova advertência em outro relatório, dando conta de que os seres humanos estão destruindo os ecossistemas naturais da Terra em ritmo nunca visto. Nossa paisagem natural vem se transformando tão rapidamente por ação humana que hoje correm risco de extinção nada menos que um milhão de espécies vegetais e animais, o que representa grave ameaça aos ecossistemas de que dependemos para sobreviver. Para onde quer que nos voltemos, advertiam os autores, a natureza desaparece a olhos vistos.

Os militantes de hoje vêm da nova geração. Os jovens estão tomando a frente, exigindo que medidas sejam colocadas em prática e envergonhando aqueles que têm idade para influenciar e promover mudanças nas políticas públicas. As greves mundiais de estudantes lideradas pela adolescente sueca e ativista pelo clima Greta Thunberg – e as centenas e os milhares de outros jovens que ela motivou no movimento

Fridays for Future [Sextas pelo futuro] – representam esperança e inspiração para todos nós. Essas crianças não pedem que os dirigentes de todo o mundo ouçam o que elas estão dizendo, mas o que a ciência diz. Temos muito a aprender com a paixão desses jovens que se dão conta da importância de pensar globalmente e agir localmente. Graças a eles, o mundo começou a entender a injustiça intergeracional da mudança climática.

Também me sinto esperançosa com as incontáveis lideranças de mulheres do mundo inteiro – seja em nível governamental, seja nas comunidades locais – que assumiram corajosamente a frente na questão da justiça climática, enfrentando a crise de maneira que permite curar em vez de aprofundar injustiças sistêmicas. Como será possível constatar lendo as histórias que integram este livro, as mulheres – predominantemente negras, mestiças e indígenas pobres – são afetadas de maneira desproporcional pela mudança climática. Entrevistei muitas delas no podcast Mothers of Invention [Mães da Invenção], que faço com a atriz e escritora irlandesa Maeve Higgins. Com o mote "A mudança climática é um problema criado por homens e tem uma solução feminista", apresentamos mulheres que estão na liderança da geração de soluções para a crise climática na comunidade. A essa altura da vida, pude aprender que o humor é uma excelente maneira de transmitir mensagens sérias!

"Evitar riscos" e "tocar os negócios" trata-se do tipo de atitude que não vai levar aos resultados de que o mundo precisa. Por isso me sinto estimulada por dirigentes corporativos e empresariais que usam o setor privado como uma força positiva pela justiça climática. Embora na conferência sobre o clima realizada pela ONU em Madri, em 2020, os governos não tenham sido capazes de estabelecer novos compromissos em questões prioritárias, à margem da conferência quase 1.200 empresas e governos municipais alcançaram um histórico acordo se comprometendo com metas de total neutralização das elevações de temperatura até 2050. Em janeiro de 2020, Larry Fink, principal executivo da firma de investimentos BlackRock, cujo valor de mercado chega a 6 trilhões de dólares, anunciou que a empresa evitaria investimentos que "representassem um risco elevado em matéria de sustentabilidade". Vem aumentando o número de líderes de mercado que se manifestam em favor de um contexto regulatório capaz de proteger os direitos humanos – e também os obrigue a prestar contas de seus atos. No momento, nos preparamos para a COP26 em novembro de 2021.

Não podemos mais nos dar ao luxo de encarar o Acordo de Paris como algo voluntário, a ser tratado isoladamente pelos países. Precisamos de uma visão arrojada, comprometendo cada nação, cada cidade e cada corporação com a neutralidade em carbono até 2050. Precisamos de uma mudança de mentalidade que permita uma transição justa para a energia limpa, habilitando-nos a permanecer no patamar de 1,5 ºC de aquecimento ou menos, ao mesmo tempo protegendo os direitos, a dignidade e os meios de vida dos que forem afetados pela mudança para uma economia neutra em carbono. Precisamos estabelecer o preço adequado para o carbono.

Cada um de nós também é responsável pessoalmente. Devemos tornar a mudança climática uma questão particular em nossa vida, comprometendo-nos com determinada iniciativa para diminuir nossa emissão de carbono. (Eu passei a comer apenas peixes e frutos do mar, embora com algumas recaídas durante a pandemia!) Temos de demonstrar indignação e tomar medidas, usando nossa voz – e nosso voto – para exortar aqueles que têm maior responsabilidade em fazer sua parte pela justiça climática. Precisamos imaginar o mundo para o qual nos encaminhamos – um mundo mais saudável, sem a poluição dos combustíveis fósseis no ar e na água, um mundo mais igualitário porque todos teremos acesso a uma energia limpa.

Assim como tivemos de mudar de comportamento no dia a dia devido à ameaça da Covid-19, precisamos nos adaptar à ameaça da crise climática. O momento de proteger as pessoas e o planeta é agora. A crise climática tem de ser a maior prioridade de todos os dirigentes do mundo a partir de 2021. Como demonstra o mais recente relatório do IPCC, as provas dos efeitos da mudança climática são incontestáveis, e o dever moral de agir com urgência é indiscutível. A mudança climática não é apenas uma questão de ciência atmosférica ou conservação da vegetação; afeta também os direitos humanos. Ela compromete a plena fruição dos direitos humanos – direito à vida, à alimentação, à moradia e à saúde. Por isso precisamos, na questão climática, de processos decisórios centrados na pessoa, que respeitem os direitos e sejam justos.

As futuras gerações não esquecerão nem perdoarão se desperdiçarmos esta oportunidade.

Mary Robinson

Prólogo

MARRAKESH

Na noite do 11 de novembro de 2016, numa hospedaria na antiga medina de Marrakesh, eu estava com dificuldade de dormir. Tinha chegado naquela noite num voo de Paris para participar das conversas anuais sobre mudança climática, na Organização das Nações Unidas (ONU). Um ano antes, a assinatura do Acordo de Paris havia marcado um ponto de mudança crítica em favor de um mundo carbono zero, mais resiliente. Agora, representantes de 195 nações, incluindo os Estados Unidos, estavam reunidos nessa cidade marroquina para discutir os meios para implementar o acordo.

Depois de um jantar e uma reunião de planejamento com a equipe da minha fundação[1], me recolhi ao quarto, olhando de cima o cenário de um pequeno pátio com uma piscina azul turquesa. Ali me joguei e virei a noite, incapaz de me livrar de um sentimento de apreensão. Dias antes, num resultado eleitoral que chocou a mim e ao resto do mundo, Donald Trump tornou-se presidente eleito dos Estados Unidos. Por uma estranha coincidência, tinha sido declarada presidente eleita da Irlanda 26 anos antes daquele mesmo dia.

---
1 Mary Robinson Foundation, Climate Justice, <www.mrfcj.org>.

Nas semanas anteriores que levaram a Marrakesh, enquanto minha pequena equipe e eu trabalhávamos longas horas no nosso escritório em Dublin em preparação, mantive os olhos fechados quanto à disputa eleitoral que se desenrolava nos Estados Unidos. Enquanto o dia das eleições se aproximava, fui ficando cada vez mais ansiosa quanto a uma possível vitória de Trump. Estava profundamente preocupada pela retórica antimudança climática e sua promessa de retirar os Estados Unidos – a mais poderosa nação do mundo e a maior poluidora da história – do Acordo de Paris, que entrou em vigor apenas quatro dias antes do pleito. Um dos maiores êxitos internacionais em diplomacia multilateral, o acordo foi um exemplo brilhante de como o mundo poderia se unir para combater uma ameaça global. Como a eleição de Trump afetaria a resolução de outros países em Marrakesh? Em meu coração, eu sabia que o Acordo de Paris era mais forte que qualquer nação; no entanto, fiquei com um mau pressentimento diante da notícia dessa nova administração dos Estados Unidos.

Muita coisa estava em jogo. Por mais de uma década, conheci aqueles que sofriam os piores efeitos da mudança climática: fazendeiros atingidos pela seca em Uganda, um presidente lutando para salvar sua nação insular que afundava no Pacífico Sul, mulheres de Honduras implorando por água. Eles vêm de comunidades que são as menos responsáveis pela poluição que aquece o planeta, mas são os mais afetados. Frequentemente não são levados em consideração e são envolvidos em discussões políticas repletas de jargões sobre como tratar o problema. Suas histórias, porém, me fizeram perceber que a luta contra a mudança climática é fundamentalmente sobre direitos humanos e garantia de justiça para as pessoas que sofrem com o seu impacto – países vulneráveis e comunidades que são as menos culpadas pelo problema. Eles também precisam estar aptos a compartilhar os fardos e os benefícios da mudança climática de maneira justa. Dou a isso o nome de justiça climática – colocar as pessoas no centro da solução.

Na manhã seguinte, acordei em Marrakesh decidida a seguir um plano de ação: eu expediria uma declaração exigindo dos Estados Unidos que mantivessem o rumo e resistissem a qualquer esforço de uma Casa Branca trumpista para desmontar o Acordo de Paris. Após o café da manhã, discuti meu plano com o diretor da minha fundação, que pediu cautela. Em seguida, chamei meu marido, Nick, meu mentor e grande aliado, que estava em nossa casa, no condado de Mayo, na Irlanda. Nick ouviu minha proposta e, calmo, me aconselhou a não fazer um discurso ou uma declaração, sugerindo que seria contraproducente adotar um tom tão agressivamente crítico. Ainda determinada, chamei meu amigo e conselheiro próximo Bride Rosney, em Dublin. "Eu entendo como você está se sentindo, Mary", me disse Bride. "Você tem que colocar isso para fora, mas do jeito certo. Tudo do que você precisa é de um jornalista que te faça a pergunta certa."

Mais tarde, naquela manhã, num canto quieto longe do alvoroço das conversas sobre o clima, falei diante da câmera com Laurie Goering, da Fundação Thomson Reuters. Controlando as emoções, contei sobre quando, em missão como enviada especial da ONU para mudança climática e El Niño, conheci mulheres que não tinham mais água nas regiões atingidas pelas secas de Honduras. Eu tinha visto a dor nos rostos daquelas mulheres. E uma delas disse para mim algo de que nunca vou me esquecer: "Não temos mais água. Como você vive sem água?"

Laurie aproximou mais o microfone e eu exprimi meus sentimentos reprimidos: "Seria uma tragédia para os Estados Unidos e seu povo se o país se tornasse um tipo de nação trapaceira, a única nação no mundo que de certo modo não continuará com o Acordo de Paris. É obrigação moral dos Estados Unidos, como grande emissor e historicamente um emissor que construiu toda a sua economia com o combustível fóssil que está agora destruindo o mundo e é inconcebível que deixem isso de lado."

Eu me senti mais leve quando a entrevista foi chegando ao fim. Foi um alívio falar o que sentia e definir a condição moral que estava em jogo. Lembrei-me de algo que o poeta Seamus Heaney escreveu para mim no dia em que me tornei alta comissária de direitos humanos da ONU: "Assuma corajosa e devidamente."

No fim da semana, o efeito cascata gerado pelo resultado das eleições tinha se dissipado em meio à cobertura midiática das falas sobre o clima, e meus temores haviam diminuído. Nação após nação – em união com a sociedade civil e os líderes de negócios – reafirmaram seus compromissos com o Acordo de Paris. Atrás de portas fechadas, o encontro soou com um renovado sentido de urgência. Ao longo dos corredores do evento sobre o clima, alojados nas poeirentas periferias de Marrakesh, as pessoas se moviam com mais energia. No último dia, 48 dos países mais pobres fizeram um extraordinário apelo: eles gerariam toda a sua energia de fontes renováveis até 2050. Alguns dos países mais vulneráveis a mudanças climáticas terem liderado os resultados das diretrizes de Paris foi uma humilde e poderosa declaração. A mensagem era clara: não há como voltar atrás. O resto do mundo teria que seguir em frente com ou sem os Estados Unidos.

1

ENTENDENDO A JUSTIÇA CLIMÁTICA

No dia 12 de dezembro de 2003, dia dos meus 33 anos de casamento, eu estava em um encontro no Trinity College de Dublin quando meu telefone tocou. Era meu genro Robert, sem fôlego e com notícias. Minha filha, Tessa, acabara de dar à luz seu primeiro filho, um menino. "Você poderia ir até o hospital", perguntou Robert, "e conhecer meu primeiro neto?".

Peguei meu casaco e saí para o alegre vento do inverno. Era uma caminhada de dez minutos do Trinity College cruzando o centro da Dublin georgiana em direção à rua Holles e o hospital maternidade nacional, onde, 31 anos antes, eu dera à luz minha primeira criança, a própria Tessa.

Na sala de espera do hospital abracei o exausto e feliz casal. Tessa me passou docemente um pacotinho e assistiu com deleite enquanto eu espiava dentro. Ao olhar para o meu neto, Rory, fui inundada por uma onda de adrenalina, uma sensação física diferente de tudo o que eu tinha sentido antes. Naquele momento, minha percepção temporal se alterou e comecei a pensar em um momento que se ampliava para centenas de anos adiante. Então eu soube, instintivamente, que veria a vida de Rory pelo prisma do futuro precário de nosso planeta. Fiz um rápido cálculo mental: em 2050, quando Rory tivesse 47 anos, ele partilharia o planeta com mais de 9 bilhões de pessoas. Esses bilhões estariam em busca de comida, água e teto num planeta que já sofre os efeitos de nossa dependência global de combustíveis fósseis. Como seria esse mundo? Teremos nos empurrado para as margens da extinção? Os dados abstratos sobre mudança climática que eu vinha evitando por tanto tempo se tornaram, de repente, profundamente pessoais. Segurando aquele bebezinho, senti por um instante a ameaça que a mudança climática poderia representar para ele – e, da mesma forma, para toda a humanidade. Provavelmente já terei partido há muito em 2050, mas o que eu poderia fazer para ajudar a assegurar a Rory e a todos os outros bebês nascidos em 2003 seria a herança de um mundo no qual se possa viver e não um que esteja à beira do desespero?

∞

Tenho a humildade de admitir que sou uma relativa retardatária no tema da mudança climática. Quando servi como alta comissária de direitos humanos na ONU entre 1997 e 2002, confortável em saber que a ONU tinha um escritório dedicado à mudança climática, o tópico raramente cruzou minha mente. Eu não me lembro de fazer um discurso sequer a esse respeito. Isso mudou no começo de 2003, depois que fui para Nova York para criar minha própria organização, Realizing Rights: The Ethical Globalization Initiative [Percebendo Direitos: A Iniciativa Ética de Globalização], para defender direitos econômicos, sociais e culturais, particularmente em países africanos. Como alta comissária, eu tinha visto nações industrializadas enfatizarem a importância dos direitos políticos e civis enquanto raramente consideravam que o direito à comida, à água limpa, à saúde, à educação e ao trabalho digno era igualmente importante. Com a Realizing Rights, eu queria mudar essa dinâmica para fazer com que direitos humanos importassem em lugares pequenos e para ajudar países em desenvolvimento a alcançarem seu completo potencial econômico e social. Queria que pessoas em países em desenvolvimento soubessem que têm dignidade e direitos humanos inerentes e que quem estivesse no poder "realizasse" aqueles direitos ao implementar e respeitá-los.

Contudo, desde o início dos meus dias da Realizing Rights, enquanto eu viajava pelos países africanos a fim de promover o direito ao desenvolvimento, um problema inesperado se mantinha no caminho: a mudança climática. Aonde quer que fosse, eu ouvia repetidamente variações da mesma frase: "Mas as coisas estão muito piores agora." Fazendeiros na África descreviam a natureza instável de suas colheitas, que não aconteciam quando eram esperadas, e que os meses de seca demasiadamente longos acabavam sendo seguidos por rápidas ventanias que devastavam fazendas e povoados. Por todas as Américas e a Ásia, as pessoas contavam histórias de furacões que destruíam casas e hospitais e levavam embora serviços públicos, escolas e negócios. No passado, vi imagens de ursos polares e o desaparecimento de antigas geleiras, mas esses casos das linhas de frente da mudança climática rapidamente começaram a bater com as opiniões científicas que eu estava lendo com crescente preocupação. Parecia que a Mãe Terra estava tentando nos dizer algo – que esgotar nossos recursos em um nível hiperacelerado nos levaria à própria ruína.

Mudança climática, eu me dei conta, não era mais uma abstração científica, mas um fenômeno fabricado pelo ser humano que impactava as pessoas – primeiramente as mais vulneráveis – em todo o mundo. Enquanto as nações industrializadas continuavam a construir suas economias com a exploração dos combustíveis fósseis, os mais desvalidos ao redor do mundo sofriam mais com os efeitos da mudança climática. Embora fossem as menos responsáveis pelas emissões causadoras da mudança climática, essas comunidades eram desproporcionalmente afetadas devido a sua já vulnerável localização geográfica e sua dificuldade de adaptação à mudança climática. O aumento do nível do mar, produzido pelo derretimento das geleiras, que observei passivamente, era a causa de ondas que, a milhares de quilômetros de distância, varreram comunidades e meios de subsistência por inteiro nas ilhas baixas nos oceanos Índico e Pacífico. Eu comecei a entender que a mudança climática era mais que apenas a repentina violência de um furacão ou a fúria de uma enchente; mudar gradualmente os padrões do clima e fazer subir os níveis do mar foram, pouco a pouco, causando maior escassez de comida, poluição e pobreza, colocando em risco décadas de avanços desenvolvimentistas. Essa injustiça – cujo fardo era mais pesado justamente para aqueles que menos fizeram para causar o problema – deixava claro que para advogar pelos direitos dos mais vulneráveis a alimentação, água limpa, saúde, educação e teto seria preciso, sobretudo, prestar atenção à mudança climática que vem ocorrendo em nosso planeta.

∞

A Revolução Industrial, que começou por volta da metade do século XVIII, iniciou o aquecimento global ao ampliar a emissão de dióxido de carbono e outros gases que retêm o calor na atmosfera. Ao longo dos séculos, os países desenvolvidos da Europa e da América do Norte fizeram uma transição de sociedades agrárias para industriais, urbanizadas, enriquecendo ao utilizar combustíveis fósseis, especialmente carvão e petróleo, para prover de energia suas economias. Enquanto riqueza e consumismo cresciam a partir do uso do combustível fóssil, também cresciam os níveis de gases do efeito estufa lançados na atmosfera, muito por conta da falta de sustentabilidade no uso da terra oriunda de práticas ineficientes de agricultura e desmatamento. Christiana Figueres, uma corajosa diplomata costarriquenha que liderou o corpo da ONU com a tarefa de convencer os 195 países do mundo a reduzir sua dependência de combustíveis fósseis, compara esse processo com um derramamento de sujeira, de lama tóxica num banheiro com um ralo parcialmente aberto. Dióxido de carbono da queima de árvores e combustível jorrando para dentro da "banheira" do mundo com uma rapidez maior do que podem ser absorvidos pela atmosfera, por plantas e pelo oceano. Por volta da segunda metade do século XX, cientistas já estavam soando o alarme para a possibilidade de a banheira estar prestes a transbordar. O acúmulo de gases de efeito estufa na atmosfera está causando uma perigosa elevação nas temperaturas globais – levando ao aumento do nível dos mares e a mudanças drásticas nos padrões climáticos. Esses mesmos cientistas deixaram claro o que precisava ser feito: tínhamos que parar de jogar imundície na "banheira" do mundo e trabalhar coletivamente para drená-la.

Nos anos 1990, algumas lideranças políticas corajosas e cientificamente esclarecidas despertaram para a seriedade do problema. Na Cúpula da Terra, no Rio de Janeiro, em 1992 (ECO 92), a Convenção-Quadro da ONU sobre Mudança do Clima (United Nations Framework Convention on Climate Change – UNFCCC) foi criada para coordenar esforços globais a fim de combater a mudança climática e lidar com suas consequências. Essa cúpula lançaria as bases para o Protocolo de Kyoto, uma iniciativa que incentivou nações ricas, que já tinham sido beneficiadas com a industrialização, a reduzir seus gases de efeito estufa e antes que as nações em desenvolvimento também o fizessem. Mas a resolução apresentada na cúpula histórica de 1992 não se traduziu em ação em escala ou ritmo necessário, e o Protocolo de Kyoto não entrou em vigor até 2005. Os Estados Unidos, o maior emissor mundial de poluentes, na ocasião, também falharam em ratificar o protocolo. Tal como acontece com tanta frequência com uma questão internacional compartilhada, conseguir que todos concordem que um problema precisa ser resolvido é muito mais fácil do que levar certos países a concordar com o que eles próprios precisaram fazer para chegar a uma solução.

Existe um acordo universal de que o aquecimento total do globo deve permanecer abaixo dos 2 °C (3,6° Fahrenheit) ou o mais próximo possível dos 1,5° acima dos níveis pré-industriais. Dois graus de aquecimento tem sido considerado, tradicionalmente, o limiar além do qual os efeitos da mudança climática passam de traiçoeiros para catastróficos, mas a maioria dos experts concorda que já estamos a caminho de ultrapassar essa marca. Se passarmos de 3 °C ou 4 °C, advertem os cientistas, iniciaremos um "ponto de inflexão" em nosso sistema planetário do qual não haverá meios de voltar.

No começo de 2017, constatou-se que a temperatura da Terra havia aumentado pouco mais de 1 °C desde 1880, ano em que foram feitos os primeiros registros em uma escala global. Embora pareça pouco para um público leigo, essa informação fez soar o alarme na comunidade científica, que advertiu: se essa situação se mantivesse e se os níveis do aquecimento continuassem sem verificação, a capacidade de o nosso planeta suportar a existência humana começaria a ser minada. O aumento de temperatura ao redor do mundo já está apresentando seus recordes. Março de 2017 representou o 627º mês numa lista de temperaturas mais altas que o normal.[1] Os cinco verões mais quentes registrados na Europa desde a Idade Média ocorreram a partir de 2002.[2] Em 2015, o Oriente Médio e o golfo Pérsico registraram temperaturas recordes, chegando a 73 °C (ou 163 °F).

Em 2014, o Painel Intergovernamental sobre Mudança Climática (United Nation's Intergovernmental Panel on Climatic Change – IPCC), uma rede de especialistas do clima da ONU, lançou um relatório alertando que se o mundo permanecesse na sua trajetória de então alcançaríamos 4 °C de aquecimento no final deste século. Aquecimento de mais de 1,5 °C acima dos níveis de 1880 nos levaria à perda de 90% ou mais de recifes de coral. Um acréscimo de 2 °C quase que dobraria a atual falta de água ao redor do mundo e levaria a uma enorme queda nas colheitas de trigo e milho. As on-

---

[1] Brian Kahn, "This Graphic Puts Global Warming in Full Perspective", *Climate Central*, 19 abr. 2017, <www.climatecentral.org//news/628-months-since-the-world-had-cool-month-21365>.
[2] David Wallace-Wells, "The Uninhabitable Earth", Nova York, 9 jul. 2017, <nymag.com/daily/intelligencer/2017/07/climate-change-earth-too-hot-for-humans.html>.

das de calor que experimentamos hoje em dia se tornariam o novo normal, e as inundações das cidades costeiras como as de Houston, no Texas, em agosto de 2017, seriam parte da rotina, e dezenas de milhões de pessoas perderiam suas casas levadas pelas torrentes. Os filmes de ficção científica que retratam gigantescas tempestades ou eventos climáticos que ameaçam nossa própria existência podem um dia parecer menos ficcionais: um aumento de 3,6 °C acima dos níveis pré-industriais, adverte o IPCC, precipitaria uma "vasta" extinção das espécies em todo o globo, fazendo com que grande parte do planeta ficasse inabitável.

Pouco depois de a Realizing Rights ter sido criada, fui convidada a compor o quadro do Instituto Internacional para o Meio Ambiente e Desenvolvimento (International Institute for Environment and Development – IIED), um laboratório de ideias sediado em Londres para promover desenvolvimento sustentável em todo o mundo. Essa maravilhosa instituição me ensinou o quanto é importante ouvir as vozes populares de linha de frente e possibilitar que sejam ouvidas. Em 2006, me chamaram para dar uma palestra a fim de honrar a vida e a obra da fundadora da organização, a economista e escritora inglesa Barbara Ward, uma eminente intelectual e líder moral. Seu legado se enraizava na crença de que o meio ambiente e o desenvolvimento estão fundamentalmente ligados. Os seres humanos, ela disse certa vez, esqueceram como se comportar como bons hóspedes na Terra e a pisar leve em nosso planeta, como outras criaturas fazem. Vários eventos seminais em 2006 empurraram a mudança climática para as páginas principais de alguns dos maiores jornais internacionais, e a percepção pública do debate parecia estar mudando. Milhões de pessoas pelo mundo se enfileiraram para ver o filme-denúncia *Uma verdade inconveniente*, do ex-vice-presidente dos Estados Unidos Al Gore. Naquele mesmo ano, a difusão de ondas de calor, algo jamais visto antes, matou centenas de pessoas nos Estados Unidos. No Reino Unido, um influente relatório – *Stern Review: The Economics of Climate Change* [Stern Review: a economia da mudança climática] – escrito por lorde Nicholas Stern, concluiu – para uma cobertura amplamente internacional – que investir agora para limitar a mudança climática e se preparar para seus efeitos custaria uma fração do valor das medidas necessárias se esperarmos que esses impactos adversos venham à tona.

Homenageando Barbara Ward, lembrei aos presentes as palavras eternizadas no artigo 1º da Declaração Universal dos Direitos Humanos a respeito de nosso direito de nascença: "Todos os seres humanos nascem livres e iguais em dignidade e direitos." No entanto, quando se trata dos efeitos da mudança climática, nada além de injustiça crônica e corrosão dos direitos humanos entra em cena. "Por bastante tempo, muitos países negaram a evidência, buscando encontrar desculpas para a inação", especialmente os Estados Unidos e a Austrália, que falharam em cumprir com a obrigação moral de assinar o Protocolo de Kyoto. "Nós não podemos mais pensar sobre mudança climática como um problema em que os ricos fazem caridade aos pobres para ajudá-los a lidar com seus impactos adversos." O sucesso dependeria de um novo espírito de esforços multilaterais, com os países ricos assumindo suas responsabilidades, pois contribuem mais para o problema. "Se existe um problema de mudança climática, ele é em grande parte um problema de justiça. Nossa contínua existência neste planeta compartilhado demanda que concordemos com um modo mais justo de dividir os fardos e os benefícios de viver aqui, e que nas escolhas que fazemos devemos nos lembrar dos direitos tanto dos pobres de hoje quanto das crianças de amanhã."

Para lidar com a mudança climática, é preciso simultaneamente tratar da injustiça subjacente em nosso mundo e trabalhar para erradicar a pobreza, a exclusão e a desigualdade. A justiça está incorporada no destino das 1,3 bilhão de pessoas em todo o mundo que ainda não têm acesso à eletricidade e os 2,6 bilhões que ainda cozinham em fogueiras. Se vamos tratar de modo correto a mudança climática, temos que fazê-lo em conjunto com a melhoria das vidas dessas pessoas, dando a elas acesso à eletricidade e ao fogão com fontes renováveis de energia, não com combustíveis fósseis. Se fizermos isso, poderemos entregar uma onda de fortalecimento a um dos mais profundos ataques globais à pobreza e à desigualdade possíveis – abrindo oportunidades sem precedentes para bilhões de pessoas.

A sensibilização a respeito da justiça climática requer que unifiquemos os fundamentos dos direitos humanos com os problemas de desenvolvimento sustentável e a responsabilidade pela mudança climática. Precisamos criar uma plataforma do tipo "o povo primeiro" para aqueles que estão à margem, sofrendo os piores efeitos da mudança climática, e amplificar suas vozes para assegurar-lhes um lugar à mesa em qualquer negociação futura sobre o tema. Nas palavras do arcebispo Desmond Tutu, da África do Sul, a justiça climática pode ser uma nova "narrativa de esperança".

∞

Por volta do fim de 2010 encerrei as atividades da Realizing Rights, como já havia planejado, e voltei para casa, na Irlanda, para estabelecer minha própria fundação sobre justiça climática. Usando a Declaração Universal dos Direitos Humanos e a UNFCCC como uma plataforma, montamos a fundação usando os princípios dos direitos humanos para nos ligar aos problemas de desenvolvimento sustentável com responsabilidade sobre mudança climática.

Em novembro daquele ano, o México recebeu a VI Conferência das Partes (Conference of the Parties – COP), cúpula anual do clima do "corpo supremo" da UNFCCC. Um ano antes, a Dinamarca abrigou a COP em Copenhagen, marcada pela desorganização e por desgastes. Vários pequenos Estados foram colocados em segundo plano pelos poderes maiores e deixados – literalmente – do lado de fora, no frio dinamarquês. Eu e muitos outros ficamos ansiosos a respeito do que nos esperava em Cancún, preocupados com que as negociações não pudessem reavivar os discursos sobre o clima após o desastre do ano anterior. Os organizadores mexicanos, sob a liderança da ministra de Relações Exteriores Patricia Espinosa, passaram maus bocados em meio aos esforços de diálogo com as 192 nações que se apresentariam em Cancún tentando acalmar os ânimos e fazer da conferência um ponto de mudança, uma oportunidade para trazer o assunto do clima de volta aos trilhos.

Ela acabou se tornando também uma fortuita celebração do poder das mulheres. Espinosa se tornaria uma das três executivas – depois de Connie Hedegaard, da Dinamarca, e precedendo Maite Nkoana-Mashabane, da África do Sul – a presidir uma conferência internacional sobre mudança climática. Valendo-se da sinergia de uma coordenação "troika" feminina, sugeri ao governo mexicano que criássemos um evento para líderes mulheres sobre gênero e mudança climática em Cancún, a fim de lançar uma teoria que vinha sendo protocolar: que ao conectar mulheres com acesso ao poder a mulheres na linha de frente do ativismo contra a mudança climática poderíamos nos fortalecer e criar um novo tipo de ativismo climático. Patricia Espinosa imediatamente sugeriu que formássemos uma rede sob sua liderança junto com Connie Hedegaard e Maite Nkoana-Mashabane.

No ano seguinte, na conferência do clima em Durban, África do Sul, essa Troika se tornou uma "troika plus", reunindo cinquenta mulheres, ministras e lideranças das agências da ONU, a maioria mães, algumas avós. Algo incomum e inclusivo em nossas reuniões foi desenvolvido mais tarde à medida que a Troika começava a levar mulheres da linha de frente aos encontros climáticos para prestar testemunho dos efeitos da mudança climática em suas comunidades. Ao redor das mesas de conferência, geralmente reservadas para líderes multilaterais, essas mulheres contariam suas histórias, seus medos, suas frustrações e seus esforços para ter acesso às condições básicas de vida que tantos delegados tinham como garantidas.

A Troika Plus injetou um novo ânimo em todo o trabalho da justiça climática. De repente, ela possibilitou que mulheres de múltiplos setores da sociedade liderassem o caminho para ajudar a construir resiliência, amplificando a voz de mulheres comuns nas negociações sobre mudança climática. Em abril de 2013, minha fundação se juntou ao governo irlandês para organizar uma grande conferência sobre mudança climática para coincidir com os anos de presidência da Irlanda frente ao Conselho da União Europeia. Intitulada

"Fome, Nutrição e Justiça Climática", a conferência trouxe mais de uma centena de ativistas para Dublin. Embora tenha dado as boas-vindas a grandes lideranças, como Al Gore, ex-presidente dos Estados Unidos, e comissários da União Europeia, a promessa de dar voz aos ativistas sociais foi um forte estímulo à participação.

No início da conferência, um curso de integração, que durou um fim de semana, reforçou a confiança dos participantes populares antes de eles se sentarem à mesa-redonda com ministros e outras lideranças. No segundo dia, percebemos que duas das participantes, pastoras da Mongólia, haviam sumido. As mulheres tinham sido vistas somente pela manhã. Uma equipe de busca foi organizada, mas elas não foram encontradas em lugar algum. Ambas retornaram tarde naquela noite, descabeladas, e alegres. Haviam conseguido uma carona em Dublin para ir até as falésias de Moher, a quase trezentos quilômetros de distância, do outro lado do país. Tendo passado suas vidas inteiras nas planícies ondulantes da continental Mongólia, as mulheres tinham ouvido histórias místicas sobre o grande oceano que batia nas praias ocidentais da Irlanda e não acharam nada demais pegar sete horas de estrada para dar uma olhada. "Queríamos ver o mar", elas disseram.

No dia seguinte, essas mulheres da Mongólia se sentaram e compartilharam histórias com mulheres de comunidades inuítes [esquimós] e latino-americanas, todas encontrando terreno comum em suas experiências com a mudança climática, histórias pessoais e soluções. Encorajados por seu treinamento do fim de semana, alguns participantes tomaram seus lugares e desafiaram os líderes presentes, incluindo ministros de Estado, sobre quais ações poderiam tomar para realizar uma mudança efetiva. Foi um choque de realidade muito necessário para os dignitários ali reunidos. Ouvir em primeira mão as experiências de quem sofre os efeitos da mudança climática era um humilde lembrete do poder do princípio de participação.

Estar próxima desses participantes do povo era também um lembrete poderoso de como tomadores de decisão podem ficar perdidos no inacessível jargão do "discurso do desenvolvimento internacional". Uma participante da Zâmbia, que esteve atenta a toda a conferência, finalmente levantou a mão diante de uma mesa-redonda do alto escalão. "Tenho ouvido a expressão 'pensar fora da caixa' nos últimos três dias", ela disse, reiterando o clichê. "Soa um pouco estranho para mim", continuou a mulher, confusa. "Na minha comunidade, não pensamos em caixas."

Aquele intercâmbio seria o primeiro de muitos que eu ainda teria com pessoas extraordinárias que suportam os drásticos efeitos do aquecimento global e se esforçam para ajudar suas comunidades a se adaptarem. Suas histórias de resiliência e esperança, e sua busca por justiça climática, podem iluminar o caminho adiante. Essas mulheres e esses homens de Kiribati a Uganda e ao Mississipi podem nos guiar enquanto nos digladiamos com o maior desafio da humanidade.

2

APRENDENDO PELA EXPERIÊNCIA VIVIDA

UM PASTOR NÔMADE do Quênia, Omar Jibril, tentou usar o microfone. Com uma voz hesitante, ele descreveu o modo como os pastos de sua região foram fenecendo até sumirem no despertar de uma seca devastadora, praticamente aniquilando seu rebanho de gado Boran. "Eu tinha duzentas vacas, mas agora só me sobraram vinte", ele disse. "Todas elas morreram. Imagine isto: sem dinheiro, sem comida para os animais, sem comida para suas crianças."

Omar estava dando seu testemunho em outubro de 2009, em uma audiência climática, um dos dezessete tribunais especiais que eram mantidos ao redor do mundo pelo Comitê de Oxford para Alívio da Fome (Oxford Committe for Famine Relief – Oxfam) para reunir evidências de testemunhas da linha de frente dos efeitos da mudança climática. O testemunho coletivo dessas audiências seria entregue, dois meses depois, aos líderes da cúpula da ONU em Copenhagen para salientar o problema humano por trás do aquecimento global.

Na audiência climática permaneci na plateia, sentada perto do arcebispo Desmond Tutu. Cinco fazendeiros – quatro dos quais eram mulheres – se aproximaram do banco para partilhar relatos pessoais de como a mudança climática estava afetando suas vidas. A primeira, uma pequena agricultora de rooibos da região de Suid Bokkeveld, na África do Sul, contou ao público presente sobre a seca e as altas temperaturas que haviam destruído todos os ganhos da venda de seu chá de rooibos orgânico para os mercados local e estrangeiro.

Outra fazendeira, do Malawi, Caroline Malema, mãe de seis filhos, descreveu uma enchente que devastara sua região um ano e meio antes. "Durante a noite, ouvimos um barulhão vindo do rio, e o povo estava gritando 'água, água!'. De manhã, quando fomos ao rio, vimos que tudo tinha sido varrido e o gado havia morrido." Caroline e os outros moradores tentaram replantar seus cultivos, mas uma seca severa, consequência da enchente, destruiu a colheita. Agora, algumas mulheres de sua comunidade, disse Caroline, recorrem à prostituição para alimentar suas famílias.

Constance Okollet, uma pequena fazendeira e líder comunitária do leste de Uganda, aproximou-se do banco com calma dignidade. Descrevendo-se como "testemunha da mudança climática", Constance veio a Cape Town como uma emissária com o grupo sem fins lucrativos Climate Wise Women (CWW) [Mulheres Sábias do Clima]. "Assisti ao vivo o que está acontecendo na região", disse Constance com uma voz macia, mas deliberada. "Todos ao redor do mundo deveriam entender o que está acontecendo: que nós, o povo na linha de frente, estamos sofrendo os piores efeitos da mudança climática." Constance contou como sua minúscula comunidade vinha sendo devastada desde 2000 por enchentes-relâmpago, períodos de seca e estações erráticas. "No leste de Uganda, não há mais diferença entre as estações.

Agricultura agora é um jogo de azar." Ela chegou a acreditar que Deus estava castigando seu povo por alguma misteriosa transgressão. Constance agora sabia a real causa do clima imprevisível: "Participei de um encontro sobre mudança climática e ouvi que não era Deus que estava fazendo aquilo conosco, mas as pessoas ricas do Ocidente. Estamos pedindo a eles que parem ou reduzam [suas emissões]."

A cada fazendeiro que contava sua história, a usual animada linguagem corporal do arcebispo começou a mudar. No momento em que Constance acabou sua fala, Tutu permaneceu abatido em sua cadeira com uma expressão grave. Ele havia iniciado o encontro com um ótimo humor, mas bastou apenas uma hora ouvindo aqueles relatos para que ele ficasse profundamente afetado. Meus pensamentos se voltaram para uma memória de quando, ainda criança, acompanhei meu pai, um médico de família local, quando ele foi atender em algumas casas no oeste da Irlanda. Eu costumava adorar essas "expedições", sentando-me atrás de meu pai, no carro, enquanto ele manobrava ao longo das estreitas estradas do condado de Mayo. Muitas vezes, parávamos para perguntar direções para algum fazendeiro que colhia feno em seus campos ou fazíamos uma pausa para permitir que outro rebanho passasse calmamente pela estrada. As conversas, invariavelmente, voltavam-se para as condições do clima no momento; os fazendeiros sempre lamentavam amargamente a excessiva chuva ou o calor que havia afetado suas recentes colheitas. Com aquilo em mente, eu perguntei aos cinco fazendeiros diante de nós se não eram simplesmente outros casos de fazendeiros – embora de outros países e gerações – reclamando do clima.

Constance me olhou com firmeza nos olhos e não vacilou ao retorquir: "Isso é diferente", respondeu-me, resoluta. "*Isso é algo além da nossa experiência.*"

A gentil mas digna repreensão de Constance permaneceu comigo muito depois da audiência se acalmar e os participantes deixarem o local. Eu quis saber mais sobre a vida que levava antes dos desastres assolarem sua comunidade – para entender exatamente quão recentes o clima e os eventos descritos em nosso encontro eram, nas suas palavras, "além da nossa experiência". Sua história dialoga com a maior ameaça potencial que o nosso planeta enfrenta.

∞

Quando as primeiras gotas de água começaram a cair em um dia de setembro em 2007, Constance Okollet tentou ignorar a chuva e partiu para suas tarefas diárias. Ela varreu o interior de sua casa de adobe, acendeu o fogo para o café da manhã e colheu verduras do quintal adjacente a sua casinha. Mas conforme as horas passavam e a chuva ia aumentando, Constance instintivamente entendeu a anormalidade da pesada chuva que inundou sua minúscula comunidade de Uganda, Asinget, naqueles meses de julho e agosto. A estação chuvosa no leste de Uganda geralmente durava de fevereiro a abril, com as chuvas retornando uma vez mais em outubro e novembro. Entre os meses de junho e setembro ocorria uma trégua da estação úmida e havia tempo para que Constance fizesse a colheita. A chuva persistente que caíra em julho e agosto daquele ano era pouco característica, algo bem preocupante. Por quase sete anos, Constance notou drásticas mudanças no clima – estações de chuva mais longas seguidas de intensos períodos de seca – que faziam murchar o milho, o sorgo e o painço, atrapalhando sua produção com mofo e pragas, ceifando seus resultados. O clima imprevisível, temia Constance, era um aviso de que os moradores de Asinget tinham feito algo calamitoso para incorrer na desaprovação de Deus.

Mas a chuva naquele dia de setembro foi mais forte ainda e, enquanto o sol se punha, uma rápida enchente descia sobre a comunidade. Quando viu a água entrando em sua casa, Constance se deu conta de que tinha pouco tempo. Ela e o marido pegaram suas sete crianças e saíram, misturando-se à multidão, que deixava a comunidade em busca de um lugar mais alto, rumo à segurança da casa de sua irmã, a vários quilômetros de distância. "A enchente era diferente de qualquer coisa que tivéssemos visto antes", Constance relataria mais tarde. "Ela cobriu nossa comunidade e levou tudo. Casas afundaram, plantações e animais foram varridos, e o povo pereceu na água."

Reportagens descreveram as pesadas chuvas que caíram em Uganda e a severa enchente que devastou o leste e o norte do país, obstruindo estradas e pontes. Nas áreas mais afetadas, escolas, casas, centros de saúde e infraestrutura foram destruídos ou muito danificados. Com dezenas de milhares de pessoas desalojadas, o governo ugandense e as agências humanitárias correram para fornecer abrigo temporário, casa, água potável, centros sanitários e medicamentos. Especialistas em meteorologia previram que a África poderia sofrer as piores consequências do aquecimento global, com a probabilidade de mais enchentes, secas e deslizamentos – concomitantes com enfermidades, tais como tifoide, cólera e malária. Em 2007, o ano em que a comunidade de Constance foi inundada, 22 países africanos tiveram suas piores estações chuvosas em décadas, com chuvas devastadoras que afetaram mais de 1,5 milhão de pessoas.[1]

Por duas semanas, Constance e sua família permaneceram na casa de sua irmã até que fosse seguro voltar para sua comunidade. Apesar de a maioria das casas de adobe dos vizinhos de Constance ter sido destruída por causa das chuvas, sua casa – embora muito danificada – permaneceu de pé. Ela imediatamente resolveu reerguer as suas paredes combalidas e convidou os vizinhos a entrar. Ao cair da noite, 29 pessoas estavam deitadas no chão molhado. "Não havia comida porque os celeiros tinham sido destruídos", disse Constance. "Não havia água limpa para beber, e as pessoas pegaram cólera e diarreia. Por causa da água parada da inundação, havia muitos mosquitos. Membros da minha família ficaram doentes de malária."

Com as verduras e os estoques de mandioca, milho e sorgo levados pela enchente, eles tinham pouco ou nenhum alimento para comer. Relutantes, procuraram o governo local em busca de ajuda. Era um momento humilhante para uma mulher que nunca tinha pedido assistência ao governo. "Agora éramos pedintes. Eles nos deram um copo de feijão, meio quilo para a família toda. Não era suficiente. Então decidimos pedir para trocar por sementes."

Com sementes que amadureciam rápido, fornecidas pelo governo, Constance organizou um replantio de seus cultivos destruídos. Mas as sementes não pegavam no solo seco e pobre, consequência de uma severa seca que tinha se abatido sobre a região após a enchente. "Depois da inundação, não tivemos chuva durante seis meses, nem uma gota sequer. A superfície então era muito fina, mas tinha sido erodida pela

---

[1] Foi o ano do El Niño.

seca. As plantas, particularmente a mandioca, não vingaram. As pessoas começaram a morrer de fome. As coisas mudaram completamente. E todos começaram a se perguntar: 'Por que isso está acontecendo?'"

∞

Mulheres da zona rural em Uganda vivem uma extenuante existência. Para Constance, isso significa levantar-se às cinco da manhã, tirar as cabras, as ovelhas e as galinhas de sua cozinha e varrer o chão de palha para tirar esterco, penas e pelo de bode. Então ela anda até o poço mais próximo, a um quilômetro, para buscar água. De volta a sua casa, ela faz fogo para o desjejum, alimenta a família e passa o resto do dia trabalhando nos campos. Ela vai retornar ao poço ao menos três vezes ao longo do dia e fazer o almoço e a sopa em cima de um fogão a lenha, com a madeira que suas crianças coletam no mato no caminho de volta da escola.

Por mais difícil que seja de acreditar, quase 70% da comida consumida ao redor do mundo é produzida por milhões de pequenos fazendeiros e agricultores de subsistência ao longo da Ásia e da África – a vasta maioria mulheres.[2] Trabalhando não somente como fazendeiras, mas como chefes de família, sustentáculo de suas comunidades, essas mulheres inevitavelmente

---

[2] Karla D. Maass Wolfenson, "Coping with the Food and Agriculture Challenge: Smallholders' Agenda", Departamento de Gestão de Recursos Naturais e Meio Ambiente, Organização das Nações Unidas para a Alimentação e a Agricultura (Food and Agricuture Organization of the United Nations – FAO), abr. 2013, revisado em jul. 2013, <www.fao.org/leadmin/templates/nr/sustainability_pathways/docs/Coping_with_food_and_agriculture_challenge__Smallholder_s_agenda_Final.pdf>.

carregam o maior fardo de nossa mudança climática. "As mulheres da minha comunidade nunca têm tempo para descansar. Mas agora, com a mudança climática, suas vidas estão ainda piores", disse Constance. "Há menos água agora; então tenho que ir com mais frequência ao poço. Às vezes, quando o poço está vazio, eu acordo à meia-noite para pegar água, porque a fila durante o dia é longa demais. Às vezes, eu vou ao meu campo somente para descobrir que alguém roubou meu cultivo. Sei que meus vizinhos devem estar muito desesperados, famintos, se eles são forçados a roubar. A violência doméstica aumenta. As mulheres precisam viajar cada vez mais longe para buscar água e lenha. E alguns homens não entendem e batem em suas esposas se elas passam muito tempo fora."

Como uma criança que cresceu em Kisoko ao lado de seus oito irmãos, Constance se lembra de uma vida de simples prazeres. Naquele tempo, quando as estações eram regulares, sua família semeava e colhia e tinha bastante comida. "Quando era pequena, nunca vi uma enchente ou soube o que era uma seca. As chuvas eram pontuais. Elas chegavam em seu tempo a cada ano, de fevereiro a abril. Ano entrava, ano saía, havia comida. Os celeiros transbordavam de sorgo e painço. Nunca havia doenças. Agora, em minha comunidade, vejo crianças subnutridas. Crianças com rosto de gente velha. Uma criança agora precisa ter só metade do que costumava comer e essa porção terá que durar dois ou três dias."

∞

Das minhas viagens ao redor do mundo ao longo dos anos, nunca testemunhei, tão repetidamente, o extraordinário papel das mulheres como agentes de mudança. Quando confrontadas com números insuperáveis, normalmente são mulheres – em casa, na comunidade local, no trabalho de base – que provavelmente se organizarão e farão sua presença ser sentida. E assim foi com Constance, quando surgiram as enchentes devastadoras: ela e outra mulher de sua comunidade decidiram, por iniciativa própria, formar um grupo para ajudar umas às outras. Frustrada pela lenta recuperação de sua comunidade e determinada a melhorar a vida das mulheres locais, Constance em 2008 formou a Rede de Mulheres Unidas de Osukuru (nome do subcondado em que elas viviam) para ajudar a unir sua comunidade novamente. Sob a gigantesca mangueira em seu empoeirado sítio vermelho, Constance convidou suas vizinhas a se reunirem toda semana e compartilhar seus problemas. Enquanto as galinhas ciscavam na areia ao redor de seus pés, as mulheres da comunidade falavam de fome e frustração; que a terra ressecada não dava resultados; que as crianças estavam fracas demais para aprender. Outras falavam em rumores de crianças se casando com outras crianças, uma forma de pais desesperados garantirem que seus filhos pudessem ter uma chance de sobrevivência em outro lar. Constance coletou esses testemunhos e apresentou-os ao conselho local. O conselho, por sua vez, respondeu lentamente, distribuindo melhores recursos – sementes e fertilizantes – e equipamentos para o cultivo. Pouco a pouco, Constance encontrou sua voz. Tomada de coragem, ela organizou uma união de crédito para incentivar as mulheres a investir suas economias. O grupo encontrava-se semanalmente e selecionava membros para receber pequenos empréstimos – o suficiente para comprar uma enxada nova, um saco de farinha ou medicamentos para uma criança doente. Na primavera de 2009, Constance ouviu que uma organização não governamental chamada Oxfam estava preparando um encontro para discutir a insegurança alimentar na cidade de Tororo, ao leste de Uganda. No encontro, Constance falou para as representantes da Oxfam sobre a terrível seca e a fome que tinham afligido sua comunidade. Alguns anos mais tarde, uma representante da Oxfam perguntou a Constance se ela poderia participar de outro encontro, dessa vez na capital de Uganda, Kampala, a mais de 160 quilômetros de distância. No encontro, pela primeira vez, Constance ouviu as palavras *mudança climática*. "Eu soube que a superpoluição dos países desenvolvidos tinha causado mudanças reais no clima", ela se lembrou mais tarde. "Eu me senti mal porque pensava que o povo em países desenvolvidos é nosso amigo. Somos o mesmo povo; nós temos o mesmo sangue. Mas aquelas pessoas estavam aproveitando a vida enquanto nós sofríamos. Eu queria saber por que eles estavam fazendo isso conosco. Quis saber se o povo em países desenvolvidos podia reduzir suas emissões para que pudéssemos ter nossas estações normais de volta."

Ao voltar desse encontro, Constance imediatamente convocou uma reunião. Sentada sob a mangueira, com seus vizinhos reunidos em volta da árvore, ela estava empolgada: finalmente ela descobriu o motivo por trás das lutas épicas de sua comunidade contra os elementos. "Contei a eles sobre a mudança climática, sobre a superpoluição, as más práticas agrícolas e a quantidade excessiva de automóveis circulando pelas cidades de todo o mundo", disse Constance. "Expliquei que a mudança climática tinha vindo para ficar e que por isso nós precisávamos tentar consertar as coisas." O povo da comunidade, confuso, perguntou a ela se o povo em outros países que estavam causando a poluição viria a sua comunidade para ajudar. Constance sabia bem que não dava para prometer auxílio de pessoas de longe. "Eu disse a eles que não tinha certeza e que deveríamos tentar ajudar a nós mesmos."

Usando a informação do encontro do clima em Kampala, Constance urgiu sua vizinhança a considerar seu próprio papel no impacto no meio ambiente. Esqueça o povo em países desenvolvidos distantes que estavam poluindo, ela disse. O que sua minúscula comunidade poderia fazer para reduzir seu próprio impacto na terra ao seu redor? Como poderia Constance e a comunidade protegerem seu povoado quando a próxima chuva viesse? Pensando nas palavras que ouvira em Kampala, Constance se lembrou da apresentação que tinha ouvido sobre desmatamento. Ela havia aprendido sobre a destruição causada pela perda permanente de florestas; como a erosão do solo ocorre quando não há árvores para "ancorar" a terra com suas raízes; como o solo bom remanescente é "lavado" por chuvas torrenciais. Constance pensava na floresta próxima de sua comunidade que estava lentamente desaparecendo enquanto seus vizinhos, desesperados, cortavam árvores para vender como lenha. Poderia ser essa a causa do infortúnio de sua comunidade? Era por isso que o solo não sustentava suas plantações e casas quando a chuva desabava? Tendo os vizinhos a seu lado, Constance novamente se dirigiu ao conselho local com essas informações. Ela convenceu o conselho a aprovar uma lei que autorizasse a plantação de cinco novas árvores para cada árvore derrubada. "Agora todo mundo está plantando árvores", disse Constance. "Muita mangueira, abacateiro e laranjeira. Todo domingo eu viajo para diferentes freguesias e falo depois da missa. Falo para as pessoas que a mudança climática chegou para ficar, mas que nós podemos superá-la plantando árvores. Para aqueles que não querem plantar, eu digo para simplesmente pensar em seus netos."

A voz digna de Constance, ouvida primeiro na audiência do clima, em Cape Town, reuniu potência. Agora, todo ano, quando participo dos encontros anuais do clima da ONU, olho para cima e sorrio quando ouço aquela melodia familiar. Somos duas avós – embora em diferentes circunstâncias – unidas na preocupação comum com nossos filhos e netos. Para os líderes mundiais e para ativistas da mudança climática, Constance é uma força da realidade que chacoalha, uma voz da linha de frente da mudança climática. Em um salão cheio de presidentes e primeiros-ministros, uma agricultora de Uganda é responsável pela narrativa definitiva de esperança, uma testemunha diária da mudança climática. Constance transformou seu ativismo local em uma poderosa voz global e com isso incentivou mais ativistas. Ela é uma lembrança constante do poder das mulheres das comunidades, aquelas que vivem os efeitos do aquecimento global de uma maneira pessoal e usam suas vozes e coragem para realizar mudanças.

Constance certa vez me disse que suas histórias sobre os efeitos da mudança climática em sua comunidade são como água derramando sobre um lago. O lago, Constance diz, não consegue recusar a "retroalimentação" dos rios afluentes, exatamente como sua vida como testemunha climática. "Nossas histórias são como água corrente indo para aquele lago. Se eu continuo a falar, se continuamos a contar nossas histórias, os poderosos, os poluidores, perceberão que ainda estamos aqui. Eles vão se perguntar o que devem fazer para ajudar essas pessoas que sofrem com a mudança climática. Não devemos parar de falar. Devemos continuar a luta. Um dia eles vão mudar."

3

A ATIVISTA ACIDENTAL

Antes da chegada do furacão Katrina, em agosto de 2005, as mulheres do leste da cidade de Biloxi, no Mississipi, Estados Unidos, iam até o salão de Sharon Hanshaw nas tardes de fim de semana para socializar e cuidar do cabelo. Enquanto Sharon corria de cadeira em cadeira – aparando madeixas, fixando trancinhas e alisando cabelos –, sua clientela fofocava, lia revistas e esperava secarem suas unhas. Por 21 anos, o salão de Sharon serviu como um ponto de encontro para as mulheres nessa cidade costeira banhada pelas águas mornas do delta do Mississipi. Sharon – usando uma de suas perucas loiras platinadas ou castanho-avermelhadas, sua marca registrada – cuidava dos cabelos, e as mulheres partilhavam histórias de corações partidos, de casamentos difíceis, de lutas contra o desemprego. Ela sabia que muitas de suas clientes vinham passando por dificuldades em meio às transformações econômicas de Biloxi, seguindo a legislação dos extravagantes cassinos que agora se espalham pela costa do Mississipi. Muitas mais foram atingidas duramente pelo fechamento das fábricas de enlatados e de frutos do mar que outrora deram a Biloxi o apelido de Capital Mundial dos Frutos do Mar. Para aquelas mulheres que podiam pagar os preços de Sharon, ela discretamente subia os valores. Como filha de um ministro batista, Sharon achava natural que seu salão fosse um lugar de refúgio em uma comunidade repleta de disparidades raciais e econômicas.

Mas, na manhã de 29 de agosto de 2005, veio o furacão. Quando a tempestade aterrissou no golfo do Mississipi, trouxe ventos de 65 quilômetros por hora e uma ressaca, com ondas de nove metros de altura, que varreram as estradas a leste de Biloxi. As inundações derrubaram casas ao longo da costa, lançando enormes ondas de destroços nas estradas em terra firme e despedaçando as comunidades predominantemente negras situadas às margens do rio. Antes de a megatempestade atingir Biloxi, Sharon estava fora da cidade, no enterro de um amigo da família a mais de 480 quilômetros de distância, em Aberdeen, ao norte do Mississipi. Preocupada com as reportagens sobre o iminente furacão, ela mandou buscar seus filhos. Quando finalmente voltou a Biloxi, Sharon encontrou a cidade arruinada e a Estrada 90 devastada, com as pontes de acesso penduradas e empenadas. As ruas do centro estavam obstruídas por enormes pilhas de carros quebrados, destroços de casas e edifícios remanescentes que haviam sido arrastados durante a tempestade. Na avenida Bayview, o salão de Sharon, tomado pelo cheiro de água parada, podridão e lama, estava destruído. Perto dali, a casa alugada onde ela vivia estava em ruínas, a fachada de tábuas partida ao meio, metade do teto arrancado e os quartos tomados por uma lama pútrida, "coagulada" até os joelhos. Seu sedan vermelho, com o para-choque traseiro entortado feito papel de bala, estava estirado contra a parede de um prédio do governo das proximidades. O carro, submerso em água do mar por vários dias, sofreu perda total. As águas da tempestade tinham levado a cama de sua filha e carregado algumas portas, que ficaram jogadas no jardim de alguém.

Sharon achou um caminho através do que restou de sua casa e conseguiu salvar apenas algumas fotografias e um antigo quadro que pertencera a sua mãe. No quarto de sua filha, ela passou dezesseis horas encurvada sobre as fotografias que recolhera em meio à lama, determinada a preservar alguma evidência pictórica de sua antiga vida. Apesar dos seus esforços, as fotos restauradas mostravam apenas silhuetas esmaecidas. "Eu queria guardá-las porque pelo menos saberíamos que nós havíamos existido antes", disse Sharon. A mesa de mogno – inchada e entortada pela água do golfo – à primeira vista parecia irreparável. Suas filhas insistiram para que a jogasse fora, mas Sharon, abatida, ainda assim resolveu repará-la como podia, usando supercola. A cola endureceu formando listras feias, irregulares, exacerbando o estado lamentável da mesa.

O furacão Katrina – e a catastrófica falha dos diques no canal industrial e no lago Pontchartrain, que teria feito 80% de Nova Orleans submergir – causou mais de 1.800 mortes ao longo da costa sul dos Estados Unidos e danificou ou destruiu mais de 1 milhão de casas e empresas. O desastre atingiu mais de 1 milhão de pessoas, incluindo 175 mil afro-americanos residentes em Nova Orleans, local que recebeu maior cobertura da mídia –, mas a destruição foi tão grave, e até pior, em outros locais ao longo da costa do golfo. No Mississipi, a tempestade deixou mais de 100 mil pessoas sem casa e milhares de outras sem trabalho, contabilizando um prejuízo de 25 bilhões de dólares. Biloxi, situada na parte baixa da península, bem à beira do rio Mississipi, foi devastada. Na região leste de Biloxi, onde Sharon vivia, a tempestade destruiu ou danificou mais de 5 mil casas, arrasando vizinhanças e solapando famílias.

Por cinco meses, Sharon viveu com sua filha em Gulfport, Mississipi, até receber um trailer da Agência Federal de Gestão de Emergências (Federal Emergency Management Agency – FEMA) para voltar para a zona leste de Biloxi. Ao retornar ao seu bairro, ela ficou consternada ao descobrir que as ruas ainda pareciam uma zona de guerra – rançosos montes de destroços cobertos de moscas pululando no calor pantanoso, ao longo das esquinas, com refrigeradores apodrecendo e colchões e pilhas de roupas mofadas à espera de uma coleta de lixo que nunca aconteceu. Água e eletricidade eram eventuais, e o comércio era escasso. Milhares entre os residentes do leste de Biloxi permaneciam sem casa.

Em meio aos destroços do bairro, Sharon ouviu rumores indignados sobre donos de propriedades e de cassinos que estavam dominando os processos de recuperação; os lobistas reconstruiriam os cassinos danificados antes das residências. Imediatamente após a tempestade, o governador do Mississipi Haley Barbour persuadiu o Congresso a conceder ao seu estado uma ajuda emergencial de 5 bilhões de dólares. Apesar dessa soma sem precedentes, havia indicações de que Sharon e outros moradores menos privilegiados do Mississipi seriam deixados de lado na recuperação; aquela assistência seria limitada aos proprietários que tinham seguro. Locatários como Sharon – além dos residentes cujas casas tinham sofrido danos pela ação do vento – foram considerados inelegíveis para o auxílio. Ela se sentiu ultrajada, mas não sabia a quem recorrer. Então, em janeiro de 2006, ela soube de um encontro que aconteceria em um dos poucos imóveis intactos de Biloxi, uma funerária num cantão da cidade. Na noite da segunda-feira seguinte, ela vasculhou Biloxi e encontrou cerca de vinte mulheres – brancas, negras, latinas e de origem vietnamita – sentadas ao redor de uma enorme mesa. "As mulheres estavam arrasadas, tinham perdido membros de suas famílias", Sharon recorda. "Nenhuma tinha emprego. Mal tínhamos o necessário. Todas diziam 'temos que fazer alguma coisa'."

∞

Para aqueles que vivem em bairros de baixa renda ou de minorias, o mais provável é que você e sua família sejam mais impactados pelos efeitos da mudança climática do que aqueles que vivem em comunidades mais abastadas. Como a devastação causada pelo Katrina em Nova Orleans e ao longo da costa do golfo mostrou, os impactos da tempestade pesaram mais sobre minorias raciais e pobres. Antes de o furacão castigar a costa do Mississipi, o estado tinha os mais altos números de pobreza dos Estados Unidos e era o segundo com a média de renda familiar mais baixa.[1] O Katrina dizimou quase 150 quilômetros de território costeiro, o que refletia a segregação racial dos bairros que tinham emergido da Guerra Civil – afro-americanos se viram forçados a residir em indesejáveis áreas pantanosas, com frequentes inundações, péssimas instalações sanitárias e condições insalubres.[2] Ao longo da costa do Mississipi, os bairros desvalorizados da periferia ficavam atrás da linha do trem que corria de New

---

[1] Reilly Morse, "Environmental Justice Through the Eye of Hurricane Katrina", *Focus*, maio-jun. 2008, pp. 7-9.
[2] Idem.

Orleans até Mobile, Alabama, criando uma linha divisória racial que separava esses bairros negros das casas à beira-mar pertencentes às ricas famílias brancas.

Padrões similares existem por todos os Estados Unidos, onde novas evidências sugerem que cidades maiores – como Boston, Nova York e Miami, entre outras – correm riscos de enchentes catastróficas se os níveis do mar continuarem a subir, e que os moradores de baixa renda dessas cidades que vivem em casas subsidiadas perto do mar estarão em grande risco. Quando o furacão Sandy passou por Nova York, em outubro de 2012, muitos dos residentes mais ricos puderam fugir da tempestade e se hospedar em hotéis de Manhattan ou escapar para regiões mais continentais de carro. Contudo, para os moradores de baixa renda de Nova York – muitos dos quais vivem em apartamentos propensos a inundações em locais próximos ao mar –, a tempestade provou ser devastadora.

Na Costa Oeste dos Estados Unidos, pesquisadores descobriram que afro-americanos que vivem em Los Angeles têm quase duas vezes mais chances de morrer do que outros residentes da cidade durante a onda de calor.[3] Com menos condições de terem ar-condicionado e com mais chances de viverem em prédios construídos com materiais que retêm calor, esses moradores do centro da cidade são mais suscetíveis ao efeito "ilha de calor", no qual o aquecimento gerado pelo asfalto pode exacerbar temperaturas. Moradores do centro também têm maior probabilidade de respirar ar poluído e de ter pouco acesso a serviços de saúde e cuidado médico apro-

---

3 Rachel Morello-Frosch, Manuel Pastor, James Sadd e Seth B. Shonko, "The Climate Gap: Inequalities in How Climate Change Hurts Americans & How to Close the Gap", <www.dornsife.usc.edu/assets/sites/242/docs/The_Climate _Gap_Full_Report_FINAL.pdf>.

priado. Enquanto nosso planeta continua a aquecer e a poluição aumenta, os que vivem em regiões de baixa renda das cidades vão inevitavelmente sofrer mais. Os pobres não têm condições econômicas que lhes permitam resistir aos acasos climáticos e, usualmente, não possuem a possibilidade de sair de suas áreas mais desfavorecidas. Políticos que enfrentam a mudança climática precisam reconhecer essas injustiças com comunidades urbanas e minorias que se encontram na mira da mudança climática – caso contrário, as disparidades raciais e desvantagens econômicas apenas aumentarão o já gigantesco vão da desigualdade social climática.

A tarefa mais difícil que enfrentei como alta comissária da ONU para Direitos Humanos foi atuar como secretária-geral da Conferência Mundial contra o Racismo, Discriminação Racial, Xenofobia e Intolerância Conexa em Durban, na África do Sul, em setembro de 2001. Houve duas conferências mundiais malsucedidas anteriormente, mas desta vez, contra todas as probabilidades, a terceira vingou. Eu aprendi profundas lições sobre o quanto o racismo velado e a xenofobia estão presentes no mundo. Aprendi sobre interseccionalidade, o conceito de que opressivas ideologias em uma sociedade, tais como racismo, preconceito de idade, sexismo e homofobia, não agem independentemente, mas estão inter-relacionadas e continuamente modelando umas às outras. A história de Sharon combinava pobreza, sexismo e discriminação racial, o que levou um grupo de mulheres, liderado por ela, a reagir.

∞

Tendo crescido em Biloxi durante a época dos direitos civis, Sharon assistiu aos seus pais e avós se desgastarem com a crueldade das leis Jim Crow, o sistema formal de *apartheid* que dominou o sul dos Estados Unidos, tornando obrigatória a segregação racial em escolas, banheiros, parques, restaurantes, ônibus, trens e bebedouros. Até as praias de Biloxi, cheias de placas de SOMENTE BRANCOS, eram vedadas a afro-americanos. Como criança, nos anos 1950, Sharon lutava para compreender por que ela era proibida de entrar nas areias das praias arenosas dos brancos que formavam o litoral próximo a sua casa. Em vez disso, ela e seus irmãos pegavam um ônibus para a pitoresca costa nas proximidades do Gulfport, onde podiam nadar e brincar em uma pequena faixa de areia de frente para um edifício da Administração dos Veteranos de Guerra, um departamento de estado sinalizado como propriedade federal. Entre 1959 e 1963, o pai de Sharon, o reverendo Louis Peyton, um respeitado ministro batista e líder dos direitos civis, participou em vários "protestos de mergulho" nas praias de Biloxi, ousando junto com outros homens se aventurar em uma praia segregada para tomar sol e mergulhar. Em 1960, o segundo maior "protesto de mergulho" levou ao pior motim racial da história do Mississipi, quando as brigas se espalharam pela cidade durante dias. Vários anos ainda se passariam até que as praias de Biloxi fossem finalmente liberadas, em 1968.

O pai de Sharon, que também dirigia o restaurante Kitty Kat, na avenida principal de Biloxi com sua mulher, Mamie, ensinou a suas crianças que a fé e o trabalho duro podem superar a adversidade racial. Seu mote, "reze e acredite, e sempre acredite no que você pode fazer, e não no que não pode", ajudou Sharon a vencer a pior das consequências do Katrina. Agora, na sombria funerária de Biloxi, naquela noite de janeiro, ela pensou em seu pai enquanto se informava sobre como os moradores estavam sendo evitados pelos governos federal e municipal durante a fase de resgate e recuperação. Sharon queria saber como ela e os demais podiam ter voz no processo de reintegração. "Foi ficando óbvio que as pessoas pobres eram o único grupo que não estava organizado. Nossas necessidades eram tão grandes, mas nós não tínhamos uma voz."

Na terceira reunião na funerária, as mulheres concordaram que era preciso formar um grupo para defender os moradores de baixa renda enquanto Biloxi era reconstruída. Em algumas semanas, garantiram sementes no valor de 30 mil dólares da Twenty-First Century Foundation para iniciar uma organização sem fins lucrativos chamada Mulheres Costeiras pela Mudança (Coastal Women for Change – CWC). Sharon se voluntariou para ser a secretária. "Eu tomarei notas, irei às reuniões", ela disse às outras mulheres. "Vou me assegurar de que nossa comunidade é válida, que nossa voz será ouvida." Uma líder natural, Sharon logo se deu conta de que tinha o potencial para fazer mais, e após alguns meses foi eleita diretora executiva. "Quem diria que ser esteticista iria me preparar para um papel de liderança", ela disse, rindo. "Eu não esperava por essa."

Em 2004, um ano antes das tempestades, os cassinos do litoral do Mississipi – construídos sobre balsas, píeres ou barcos, para honrar uma lei do Mississipi segundo a qual os cassinos devem permanecer fora da cidade – lucraram mais de 1 bilhão de dólares e Biloxi apareceu como a terceira maior cidade de jogos de azar, atrás apenas de Las Vegas e Atlantic City. Mas o Katrina dizimou os cassinos de Biloxi, levantando as estruturas flutuantes no ar e arremessando-as em terra, onde se espatifaram em pedaços como navios de brinquedo. Em outubro de 2005, Biloxi ainda estava no começo dos estágios de limpeza quando a legislatura do Mississipi passou uma emenda para mudar as leis de jogo no estado, permitindo que os cassinos passassem para terra firme, desde que estivessem 250 metros da praia. A nova emenda, designada para ajudar na reconstrução da indústria do jogo, foi um sucesso instantâneo. Em questão de dias, vários proprietários de cassinos anunciaram sua intenção de voltar para Biloxi.

Meses mais tarde, os restos do salão e da casa de Sharon foram destruídos e levados embora para dar espaço ao estacionamento do recém-construído Imperial Palace Casino, uma estrutura de 32 andares na avenida Bayview. Após a demolição, tudo o que sobrou da antiga vida de Sharon foi a árvore onde sua caixa do correio ficava pendurada. Assistindo às autoridades demolirem as casas de amigos e vizinhos ao longo da região dos cassinos, Sharon viu que os esforços de recuperação de Biloxi eram em favor dos cassinos e não do povo. Embora a cidade contasse com os muitos e bem-vindos empregos que esses empreendimentos geravam, o argumento não fez sentido para Sharon. "Essas pessoas não têm carro. Eles não têm casa", ela disse. "Como eles vão vir trabalhar? Eu não sou contra empregos e desenvolvimento econômico, mas casas vêm primeiro, pessoas vêm primeiro. E as pessoas não vêm primeiro na reconstrução da cidade após o Katrina."

Semanas mais tarde, Sharon organizou um fórum comunitário e convidou o prefeito de Biloxi, os vereadores e outros oficiais eleitos. Mais de duzentos moradores do leste de Biloxi participaram e fizeram perguntas ao prefeito. Poucas semanas depois, Sharon e as outras integrantes do CWC ganharam cinco assentos na comissão de planejamento para finanças, educação, transporte, uso de terras e casas populares. Sem carros e com transporte público ainda paralisado pela tempestade, foi um desafio participar de todos os encontros do subcomitê, mas Sharon deu um jeito. "Eu estive em todos os encontros. Pegava uma carona aqui e ali. Foi isso que eu fiz."

Reilly Morse, um advogado do Centro de Justiça do Mississipi, uma organização que fornecia conselhos em direitos civis e ajuda legal para afro-americanos e outras minorias no Mississipi, conheceu Sharon num encontro do fórum comunitário. Morse, morador das proximidades de Gulfport, havia perdido seu escritório de advocacia na tempestade. "[Katrina] reduziu meu escritório a uma laje, não me deixou nada para salvar (...) e nada para fazer senão tratar de falência." Morse acabou se mudando para Biloxi e abriu um Escritório de Recuperação de Desastres, ajudando os moradores remanescentes a obter abrigo emergencial e moradia temporária, bem como acesso a recursos para se restabelecer. Apesar de suas perdas pessoais, Morse se achava privilegiado. Sua casa e sua família haviam sobrevivido ao Katrina e ele sabia que muitos de seus clientes em Biloxi não tiveram essa sorte.

Vendo Sharon navegar as linhas borradas do processo de recuperação, Morse ficou impressionado com sua habilidade para cruzar as linhas étnicas e raciais. "Sharon tinha uma extraordinária habilidade para movimentar mulheres para além de diferentes linhas. Acho que nunca tinha visto uma aliança como a do CWC em Biloxi antes disso", ele disse. "Causou uma poderosa impressão em líderes locais que de repente tiveram que encarar mulheres a partir de muitas diferenças."

Forjando uma aliança com Morse e outras organizações locais, conhecida como Steps Coalition [Coalizão Passos], Sharon passou o verão de 2006 batendo nas portas dos trailers para saber mais sobre as necessidades dos moradores remanescentes de Biloxi. Unidos sob uma aliança, múltiplas organizações e ativistas podiam conectar suas campanhas enquanto preservavam sua própria autonomia e suas prioridades. Para Morse e outros ativistas, Sharon era uma poderosa colaboradora, apesar de sua evidente vulnerabilidade. "Ela tinha um tipo de simplicidade e franqueza que você vê em alguns líderes dos direitos civis se voltar várias décadas", disse Morse. "Era uma autêntica voz para o povo que tinha sido destituído de direitos e estava desacreditado. Ela estava falando naquele vazio. Aquilo era muito poderoso."

Naquele verão, Sharon encontrou moradores mais velhos com muito medo de ir até a porta por causa do aumento nos casos de crime, e jovens mães impossibilitadas de trabalhar por falta de quem cuidasse de suas crianças. Os moradores reclamavam de fraude, flutuação de preços e excessivas taxas de aluguel que estavam forçando algumas mulheres a retomar perigosos relacionamentos dos quais estavam fugindo antes do furacão. Sharon pediu à polícia local para aumentar suas patrulhas e vigilâncias diurnas e noturnas e começou um pequeno programa caseiro de creche para mães trabalhadoras. Com um pequeno investimento de dinheiro, Sharon e a CWC estabeleceram um fundo de melhoria, incentivando famílias de baixa renda a requerer o valor de 500 dólares para reformar residências. A CWC criou um plano para exigir o desenvolvimento de projetos de casas públicas pela cidade partindo das áreas próximas ao mar. Quando o primeiro aniversário do Katrina e uma nova estação de furacões se aproximou, Sharon organizou uma base de dados dos idosos de Biloxi, criou oficinas de alerta contra furacão e ajudou os moradores a preparar kits de emergência para estarem prontos em caso de evacuação quando a próxima tempestade chegasse. "Agora eles estavam com a carteira de motorista, a certidão de nascimento, os documentos do seguro, a lanterna, alimentos, água e telefone pré-pago num contêiner de plástico perto da porta da frente", disse Sharon. "Quando for a hora de ir, não haverá hesitação." Tendo sobrevivido ao Katrina, Sharon tinha pouca fé de que os oficiais da cidade ajudariam sua comunidade numa próxima vez. "Comunidades pobres sofrem o pior", disse ela. "Essas pessoas não têm a possibilidade de ir embora."

Após a tempestade, o governador do Mississipi solicitou que Washington renunciasse à exigência de que qualquer percentual do pacote de recuperação de 5 bilhões de dólares enviado ao estado a título emergencial fosse gasto para beneficiar famílias de baixa renda. Em novembro de 2007, passados dois anos do Katrina, o estado gastou 1,7 bilhão de dólares compensando proprietários de casas de média e alta renda, bem como empresas, e apenas 167 milhões de dólares em programas dedicados a ajudar os mais pobres.[4] A mensagem para Sharon e as mulheres do CWC era clara: a ajuda federal para famílias de baixa renda ficaria em segundo plano – não em primeiro. "No leste de Biloxi, você olha para o norte, o oeste e o sul e vê grandes investimentos, cassinos e placas brilhantes", disse Reilly Morse, descrevendo a cidade alguns anos antes da recuperação do furacão. "Mas quando seus olhos se voltam para o chão, as ruas estão danificadas, as lojas fechadas e não há negócios. Essas pessoas estão estagnadas. Se você está no ponto mais baixo da esfera econômica, você está aprisionado em seu próprio bairro."

Naquele mesmo ano, o governador Barbour anunciou que destinaria quase 600 milhões de dólares para a construção de

---

[4] Leslie Eaton, "In Mississippi, Poor Lag in Hurricane Aid", *New York Times*, 16 nov. 2007, <www.nytimes.com /2007/11/16/us/16mississippi.html>.

casas de preço médio e unidades alugáveis para um projeto de expansão de um porto comercial. Embora fosse inevitável que a expansão do porto produzisse um aumento no número de empregos, historicamente – tal como nos cassinos de Biloxi – poucos postos de trabalho foram destinados aos moradores de baixa renda. Uma vez mais, como parte da Steps Coalition, Sharon apanhou sua prancheta e saiu batendo nas portas dos trailers. Em algumas semanas, ela reunira mais de duzentas assinaturas. Reilly More diz que essas assinaturas foram cruciais para um processo legal que o Centro de Justiça do Mississipi estava preparando contra o Departamento de Habitação e Desenvolvimento Urbano dos Estados Unidos (U.S. Department of Housing and Urban Development). "Reunir tantas assinaturas não é pouca coisa em uma comunidade onde seus carros estão submersos, onde as pessoas foram desalojadas", disse. "A movimentação de Sharon chegou a um ponto que nos habilitou a mudar essa situação."

Em 2008, Sharon foi chamada pela Oxfam América para se tornar porta-voz sobre a relação entre o furacão Katrina e as mudanças climáticas. Ela achou que as representantes da Oxfam estavam loucas por convidar uma ex-esteticista do leste de Biloxi, Mississipi, e, com seu costumeiro estilo direto, respondeu exatamente isso a elas. "Eu não sabia nada sobre mudança climática. Sei que temos furacões, tornados e enchentes, mas não sou ecologista. Será que deviam chamar outra pessoa?" Oxfam achou que não. Em novembro de 2009, como parte da Rede de Direitos Humanos dos Estados Unidos, Sharon viajou para Genebra a fim de dar seu testemunho junto a pessoas desabrigadas sobre o difícil processo de recuperação após o Katrina. Um mês depois, como representante da Oxfam, ela viajou a Nova York para participar da cúpula do clima da ONU, onde deu seu testemunho sobre mudança climática, tornando-se a primeira estadunidense a fazer isso. Logo depois, como membro do grupo CWW, ela foi a Copenhagen para participar da cúpula anual sobre o clima da ONU. Como testemunha da mudança climática de uma nação industrializada, Sharon se sentia insegura enquanto ouvia pessoas da África, Bangladesh e ilhas do Pacífico contarem histórias de sobrevivência perante secas, tufões e tsunâmis. Quanto mais relatos Sharon ouvia, no entanto, mais coisas em comum ela encontrava: "Pobre é pobre em qualquer língua. Igualzinho à minha comunidade em Biloxi; esse era o povo à margem, do outro lado do trilho. Eu ensinei algo a esse povo, e esse povo me ensinou."

Em Copenhagen, Sharon dividiu plateias ao lado da colega da CWW, Constance Okollet. Embora vindas de mundos diferentes, Sharon e Constance estabeleceram uma rápida conexão. A experiência durante a seca em Tororo lembrou Sharon das semanas traumáticas após o furacão Katrina, quando ela e outros moradores de Biloxi percorreram quilômetros para encontrar água mineral. Quando Constance disse a Sharon sobre a humilhação que ela sentiu ao fazer fila por rações do governo no dia seguinte à enchente que devastou sua comunidade, Sharon confessou a vergonha de aceitar cartões de assistência alimentar que o governo dos Estados Unidos distribuiu após o Katrina. A marginalização da comunidade Tororo em Uganda pareceu assustadoramente familiar para o que Sharon sentiu em toda a sua vida. "Na costa do Mississipi, nós estamos enfrentando a erosão e a subida do nível do mar, e frequentemente são as comunidades pobres e negras as relegadas às áreas mais inundáveis. Ao redor do globo, são nas comunidades negras pobres que os esforços de socorro e recuperação falham ou que tornam nossa sobrevivência mais difícil."

Ao final da cúpula de Copenhagen, Sharon foi apelidada de Garota do Mississipi por Constance. Ela passou uma noite inteira trocando ideias com Constance e outras testemunhas do clima sobre como ajudar suas respectivas comunidades na batalha da mudança climática. "Essas mulheres me colocaram para pensar sobre mudança climática, sobre problemas internacionais, sobre comércio justo", disse Sharon. "Elas me deram todas essas ideias. Conectar-se com mulheres que estão enfrentando problemas similares ao redor do globo e levantar-se e trabalhar por soluções foi inspirador. São mulheres que carregam o impacto da mudança climática."

De volta a Biloxi, Sharon começou a plantar um jardim comunitário, uma ideia que brotou em Copenhagen após uma conversa sobre obesidade com uma testemunha climática das ilhas do Pacífico. Ao cultivar verduras frescas e disponibilizá-las a toda a comunidade, Sharon esperava combater tanto a obesidade quanto a escassez de alimentos, enquanto envolvia os moradores de Biloxi em uma atividade divertida. Ao lado de voluntários da AmeriCorps e membros da Coastal Women for Change, Sharon passou três meses limpando um pedaço de terra onde antes despejavam lixo no leste de Biloxi para cultivar quiabo, tomates, pimenta, milho, feijão, entre outros. Sharon pediu aos homens da comunidade que recentemente saíram da cadeia para molhar e cuidar do jardim diariamente. Quando os primeiros brotos de ervilha surgiram, Sharon ficou tão entusiasmada que gritou e correu em círculos. "Cozinhar algo que você cultivou é um sentimento de realização que eu nunca tinha sentido antes", ela disse. "As mulheres do mundo em desenvolvimento que eu conheci em Copenhagen me fizeram pensar globalmente e me ajudaram a atuar localmente."

Em 2011, Sharon confessou que seu papel como ativista climática estava tomando espaço na vida dela: "Eu me sinto tão desgastada mentalmente. Lutei tanto o tempo todo. Será que vamos chegar lá? Sim, mas não sem envelhecer e ou se estressar." Nessa época, Sharon estava vivendo em uma nova casa em Biloxi, uma pequena casa de dois andares com cores sóbrias e muitas claraboias. No canto da sala de estar estava aquela mesa de mogno que ela salvou da tempestade. Finalmente tinha restaurado sua beleza original. Era naquela mesa que Sharon comia agora. Nas paredes, as fotografias da família que ela tão cuidadosamente trouxera à vida novamente naquelas primeiras semanas caóticas após o Katrina. Mas tendo sobrevivido ao furacão e a suas terríveis consequências, Sharon em 8 de novembro de 2015 sofreu o golpe mais cruel: um derrame, que lhe tirou a capacidade de se comunicar. A vibrante voz afiada do Mississipi entre as ruínas do Katrina agora fora silenciada. Mas nos halls do Congresso, nas letras miúdas do Acordo de Paris, e nas novas estradas pavimentadas do leste de Biloxi, o legado de Sharon vive.

"[Katrina] tirou a vida de uma pessoa", disse Reilly Morse, "que não estava preparada para se tornar uma figura local, regional ou nacional, muito menos aparecer em um palco internacional e falar sobre um problema amplo como a mudança climática. Mas por ser autêntica, por ter permanecido sincera à experiência, Sharon abriu os olhos do mundo. Não se sabe o que a vida prepara para você até algo acontecer. A experiência de Sharon nos mostra que não importa de onde você vem, enquanto tiver fé em si, você tem a oportunidade de deixar uma marca maior."

4

LÍNGUAS DESAPARECIDAS, TERRAS DESAPARECIDAS

Por mais de 2 mil anos, o povo Yupik caçou e pescou nas selvas geladas da costa oeste do Alasca, cavando buracos em meio ao mar glacial para pegar salmão e peixes esgana-gata e comunicando-se entre si em um antigo léxico que inclui dezenas de modos de descrever o gelo. Passada de geração a geração, essa adaptação linguística ajudou os Yupik a navegar com segurança como caçadores, usando terminologia específica para descrever a espessura do gelo e sua confiabilidade. Mas, com o avanço das mudanças climáticas, palavras comuns do Yupik como *tagneghneq* – para descrever o gelo escuro e denso – ficaram obsoletas enquanto o permafrost[1] que derrete no Alasca transforma a paisagem, antes sólida, em um encharcado e lamacento lugar sem vida.

---

1 Permafrost, ou pergelissolo, pode ser traduzido como "solo permanentemente congelado" e são superfícies que se encontram abaixo de 0 °C por, pelo menos, dois anos. É característico de regiões montanhosas e árticas. O degelo dessas regiões, acentuado pelo aquecimento global, é uma grave preocupação devido à liberação de gases, vírus e bactérias em estado de dormência. [*N. da E.*]

Dados científicos recentes confirmam que o Ártico – o maior sistema de ar condicionado do mundo – está esquentando duas vezes mais rápido do que qualquer outro lugar do planeta, com a temperatura média de seus ventos subido cerca de 6,3 °C nos últimos cinquenta anos. As temperaturas flutuantes do Alasca são causadas por uma tempestade perfeita de confluências. Quando a radiação solar atinge a neve e o gelo, a maior parte se reflete no espaço. Contudo, quando temperaturas globais incentivam a fusão do gelo, as terras expostas absorvem a radiação, levando ainda mais gelo a derreter. Agora o povo do Alasca – 85% vivendo ao longo da costa – está entre os primeiros estadunidenses a sentir os efeitos da mudança climática enquanto o solo sob seus pés derrete e abre caminho. Nos últimos anos, 31 comunidades do Alasca estão contemplando sua iminente destruição por conta da poluição causada pela dependência de combustível fóssil de seus distantes compatriotas. Essas comunidades cada vez menores estão diante de uma escolha impossível: arranjar dezenas de milhões de dólares para deslocar suas tradições centenárias e remover suas casas – e os ossos de seus ancestrais – para uma terra mais alta ou permanecer e usar seus recursos limitados para construir uma trincheira contra o mar. Assustados pelo custo desta última, e com pouca assistência federal, muitos escolheram partir.

Em agosto de 2016, os residentes de Shishmaref, uma comunidade Inupiat ao norte do estreito de Bering, votou pela realocação de toda comunidade de sua ilha-barreira que, ao longo de décadas, foi desaparecendo no mar. Alguns especialistas advertem que muitas comunidades costeiras do Alasca ficarão completamente inabitáveis em 2050, ano em que meu neto mais velho, Rory, e sua sobrecarregada geração serão forçados a lidar com o desafio de abrigar dezenas de milhões de refugiados do clima.

A vida no Alasca é definida pelo frio, pela terra e pela relação do povo com o mar. Pescar e caçar é o mesmo que viver e respirar, e o rápido derretimento do gelo está motivando muitos indígenas do Alasca a questionar sua identidade cultural. Ninguém conhece essa crise mais visceralmente do que Patricia Cochran, que por trinta anos trabalhou junto a comunidades do Alasca e do Ártico para ajudá-las a lidar com as destruições da mudança climática. Patricia é diretora executiva da Comissão de Ciência Nativa do Alasca, mas também é uma inupiat, nativa do Alasca, nascida e crescida na cidade costeira de Nome, um antigo centro de mineração. Patricia cresceu em uma casa inupiat, preparando a tundra para acampamentos de pesca todo ano e perpassando a costa rochosa com seus irmãos nos últimos meses de verão, catando cranberry, amoras e ervas.

"Demorou muito tempo para a ciência prestar atenção no que a comunidade estava dizendo havia décadas", observa Patricia. "Pelo menos nos últimos quarenta ou cinquenta anos, a comunidade notou as sutilezas das mudanças porque vivem muito ligadas à terra e veem as mudanças acontecendo no meio ambiente ao redor. Estivemos observando os sinais de mudança climática muito antes que pesquisadores e cientistas apenas começassem a usar essas palavras."

Como cientista, Patricia sabe bem que as mudanças que ela e sua comunidade têm observado não foram causadas pela comunidade Inupiat, estão à mercê da política industrial baseada em combustíveis fósseis no resto dos Estados Unidos. Em 2015, Patricia participou da Cúpula Mulheres do Mundo, de Tina Brown, em Nova York. Sob as luzes do palco, Patricia portava um vestido inupiat ornado com pelúcia branca e tecido com intrincadas flores brancas. Quando pediram para que ela falasse sobre os efeitos da mudança climática no Alasca, Patricia objetou educadamente e pediu primeiro permissão para cumprir alguns protocolos. Era uma quebra incomum nesse evento tão fechado.

"Em nossa comunidade é muito importante seguir esses protocolos", disse Patricia com sua voz postada e doce, "para lembrar de onde viemos e por que somos o povo que somos". Invocando uma tradição centenária dos Inupiat, ela prestou homenagem aos mais velhos da audiência, nossos ancestrais coletivos, e àqueles povos indígenas de Manhattan sobre os quais estamos pisando. Essa inesperada e humilde meditação elevou os ânimos dos presentes e abriu caminho para uma sonora salva de palmas espontânea. Com seus ancestrais atendidos, ela então passou a tratar do tema da cúpula. "No Ártico, temos enfrentado esses problemas já há muitos e muitos anos. Mudança climática é mais do que apenas uma discussão para nós. É uma realidade. É algo com o qual convivemos e que enfrentamos dia após dia, e tem sido assim há décadas."

∞

Como uma criança que cresceu em Nome, Patricia se lembra da espessa neve caindo durante a maior parte do ano, e o mar – um único bloco de gelo – se estendendo muito além do horizonte até o final dos meses de verão. Os invernos eram longos e brutais, os verões exageradamente curtos. Mas, com o tempo, os invernos começaram a chegar mais tarde e se transformar rapidamente em primavera. Agora, quando Patricia volta para visitar o lar de sua infância, as vastidões de gelo sumiram, e no lugar há um reluzente mar aberto. "Tivemos que construir uma barreira em Nome porque o gelo do mar que costumava estar diante da comunidade não está mais lá", disse. "Aquele gelo costumava nos manter a salvo. Nós tivemos tanta chuva que nossos peixes nas cremalheiras não secam mais. O calor ao longo do verão foi tamanho que as frutinhas amadureceram o dobro na estação. Mais preocupante, as condições de mudança de gelo causaram extrema erosão, inundação e degradação no permafrost de toda a comunidade.

Permafrost, a subcamada de gelo permanente no solo que ancorou o Alasca por milhares de anos, fornece uma fundação para casas, escolas e estradas, e mantém o nível crescente do mar na altura da baía. Mas temperaturas que sobem por todo o Ártico estão fazendo essas fundações pré-históricas derreterem, encharcando o solo e lançando mais dióxido de carbono no ar. À medida que o ciclo continua e a terra aquecida se deforma e se encurva, as casas dos indígenas do Alasca afundam, puxadas para o mar. Enquanto o permafrost vai sumindo e expondo o solo e o gelo do mar alto, que normalmente amortece a violência das tempestades, o mar avança, engolindo a terra. No final do verão, tempestades cada vez piores, resultantes das bruscas mudanças climáticas, corroem a costa, erodindo a superfície do solo até que desabe mar adentro. Em alguns lugares, comunidades têm perdido mais de trinta metros de terra por ano.

O padrão claudicante do clima e o gelo que desaparece consomem não somente a terra. A instabilidade do gelo por todo o Alasca está mudando tão rapidamente que nem mesmo os melhores caçadores e os mais experientes navegadores conseguem prever o tempo, o vento ou as condições de caça. "Estamos perdendo pessoas que se aventuram em trenós motorizados sobre áreas onde o gelo está fino", alerta Patricia. "Não há entre nós quem não conte alguma história sobre um tio ou um irmão que saiu para pescar e nunca voltou para casa." Esse aumento das mortes fez com que alguns caçadores abandonassem seus trenós motorizados e utilizassem métodos mais tradicionais a fim de lidar melhor com o novo cenário. "Muitos voltaram a usar trenós puxados por matilhas para se locomover", disse Patricia. Os cães são muito inteligentes e não se aventuram em gelo fino. Um trenó motorizado nunca vai fazer isso por você. Meus sobrinhos mais novos passaram a usar essas formas tradicionais que nos mantiveram vivas por tantos anos."

Combinando especialização científica com seu conhecimento tradicional, Patricia trabalha para ajudar comunidades do Alasca que foram realocadas ou que decidiram permanecer. Essas últimas são chamadas "proteção *in loco*", Patricia ajuda essas persistentes comunidades a conter a invasão do mar, sabendo, em diversos aspectos, que suas comunidades já estão condenadas. Trabalhando com agências como a Army Corps of Engineers [Exército de Engenheiros], ela ajuda a população local com os complicados requerimentos aos parcos recursos do fundo federal para construir proteções revestidas de pedras, bem como trincheiras de sacos de areia e metal ao longo da costa. "Porém, em alguns lugares, a primeira tempestade arrastou esses revestimentos", disse Patricia. Lidar com a burocracia federal pode ser desanimador. Para receber os recursos a fim de erigir as barreiras contra o mar, os moradores precisam primeiro provar o quanto de terra foi perdida, uma mensuração lenta e custosa. "Todo mundo quer os fatos e as imagens que o comprovam", explica Patricia. "Não é suficiente dizer que estamos perdendo nossa comunidade."

Por anos, a pequenina cidade de Shishmaref, localizada em uma ilha a oito quilômetros do território principal do Alasca, foi pouco a pouco perdendo suas praias – e construções – para o mar gelado. Quando os moradores de Shishmaref votaram, em agosto de 2016, por deixar suas terras, estimou-se que um valor próximo de 200 milhões de dólares seria necessário para realocar as casas e a infraestrutura, para o novo local e para construir novas estradas e oferecer serviços, escolas e uma balsa. É uma espantosa quantia para uma comunidade de apenas seiscentos moradores – o Estado oferecera apenas 8 milhões. "Custa milhões de dólares mover comunidades de apenas algumas dúzias de pessoas", disse Patricia. "A má notícia é que não há realmente alguém lá fora que queira preencher um cheque para ajudar." Um estudo recente da Academia Nacional de Ciências[2] – lançado nas semanas finais do governo Obama – estimava que consertar estradas e prédios e manter os serviços do Alasca em funcionamento (por conta de danos causados pela mudança climática) custaria bilhões de dólares até o final do século.

Aqueles moradores que tomaram a dolorosa decisão de se mudar podem achá-la desoladora e traumática. Newtok, uma comunidade com cerca de 350 pessoas na costa sudoeste do Alasca, foi sendo arrastada 21 metros por ano rumo ao rio Ninglick. Em 1996, a comunidade tomou a decisão inédi-

---

2 April M. Melvin et al., "Climate change damages to Alaska Public infrastructure and the Economics of Proactive Adaptation", *Anais da Academia Nacional de Ciências dos Estados Unidos da América*, 114, n° 2 (2016): E122-E131, <www.pnas.org/content/114/2/E122.abstract>.

ta de trocar suas terras costeiras por uma faixa mais segura, quinze quilômetros ao sul, por um custo estimado de 130 milhões de dólares. Embora várias casas na nova ilha já estivessem construídas – casas de palafitas bem altas, acima do mar –, a mudança é meticulosa e levaria anos. Embora os habitantes de Newtok e os mais velhos tenham planejado suas novas casas e sua infraestrutura, eles ainda precisam morar onde estão, manter seu ritmo diário, mandar suas crianças para a escola e continuar seu modo de viver, coletando frutas e caçando focas e peixes. Mas algumas agências governamentais continuam não querendo gastar seu dinheiro com uma comunidade condenada enquanto uma nova está sendo construída. Assim, os moradores são forçados a viver em casas caindo aos pedaços enquanto esperam uma mudança que ainda levará um bom tempo para acontecer. A comunidade já perdeu sua lagoa e seu aterro sanitário e espera perder sua fonte de água potável no próximo ano. Não há estradas e os caminhos que ligam as palafitas estão apodrecendo e desabando. Alguns moradores temem que suas culturas centenárias e sua identidade sofram se eles se mudarem. "Para as comunidades que estiveram ali por milhares de anos é uma difícil decisão deixar tudo", diz Patricia, "não só pelo cansaço físico, mas também pelos traumas e o cansaço mental".

Enquanto o governo Trump em Washington trabalha para desmantelar as políticas de ação climática do presidente Obama, Patricia está redobrando seus esforços no que ela e sua organização podem fazer para ajudar indígenas do Alasca com iniciativas junto à comunidade, pesquisa e ação. Ela enquadra a mudança climática como um problema de direitos humanos, expandindo o diálogo para além das emissões e da mitigação para incorporar a linguagem da justiça e da humanidade. Também concentra seus esforços em trabalhos com agências federais para fornecer previsões do clima mais precisas e mais direcionadas a fim de que comunidades costeiras possam se preparar melhor para as próximas intempéries. Patricia está ajudando as comunidades a construir uma rede de observadores locais de modo que informações sobre as condições do gelo e do clima possam ser compartilhadas entre eles em primeira mão.

Como uma autoproclamada "anciã em treinamento", Patricia incentiva os jovens a tomar partido em suas jornadas de justiça climática. Assim, eles podem também aprender as ferramentas para viver uma vida sustentável em suas comunidades nativas. "Vejo isso como uma honra, e minha maior responsabilidade", diz ela, "é passar adiante informação e conhecimento para jovens que precisam viver com essa desastrosa situação na qual vamos deixá-los."

Pelas escolas de um ou dois cômodos que se espalham pela vasta costa do Alasca, novos programas estão sendo introduzidos para ensinar às crianças os muitos modos de falar sobre o clima – e descrever a neve e o gelo – em suas línguas nativas. É um modo de manter vivas palavras em perigo de desaparecimento, tais como *tagneghneq*, e ajudar essas crianças a produzir um futuro mais seguro. "Se ninguém mais vai nos ajudar, o que podemos fazer para ajudar a nós mesmos?"

Quando Patricia não está sobrevoando o Alasca para se encontrar com comunidades nativas em áreas remotas, ela viaja pelos 48 estados continentais – ou os chamados Lower 48, tal como os alasquianos se referem à região principal dos Estados Unidos – para dar palestras sobre os efeitos da mudança climática em sua comunidade. É um trabalho difícil. "Passo muito tempo convencendo outras pessoas sobre os problemas que nós vemos aqui no Ártico", diz ela. "Para muitas plateias para as quais falo nos Estados Unidos, esse problema ainda é algo novo. Nunca deixo de me surpreender de que ainda há pessoas que não acreditam na mudança climática. Tento contar histórias para que essas pessoas tenha uma visão diferente de referência e entendam que aqueles são outros seres humanos. Estou tentando levá-los para ver o que tem no seu horizonte."

A luta do Alasca contra os efeitos da mudança climática oferece uma lição mais profunda para o resto dos Estados Unidos. O calor escaldante que fez de 2016 o ano mais quente já registrado continuou inabalável em 2017, causando aumentos de temperatura sem precedentes por todo o mundo, derretendo os polos e rapidamente fazendo subir os níveis do mar. Se os Estados Unidos não podem efetivamente manejar recursos suficientes para ajudar comunidades do Alasca que estão sendo obrigadas a se mudar da costa, o que acontecerá quando os efeitos realmente cataclísmicos da mudança climática chegarem?

Especialistas preveem que em 2100 os níveis do mar podem subir o suficiente para submergir 12,5% das casas da Flórida. Em um estudo publicado em 2017, pesquisadores estadunidenses delinearam o modo como, entre 2011 e 2015, o nível do mar ao longo da costa sudeste subiu seis vezes mais rápido do que a média global.[3] Em 2017, o furacão Harvey devastou a cidade de Houston, mas outras cidades nos Estados Unidos – Boston, Nova York, Atlantic City, Tampa, Mia-

---

[3] Arnoldo Valle-Levinson et al., "Spatial and Temporal Variability of Sea Level Rise Hot Spots over the Eastern United States", *Geophysical Research Letters*, 44, nº 15, ago. 2017: 7876-82, <www.onlinelibrary.wiley.com/doi/10.1002/2017GL073926/abstract>.

mi – também estavam vulneráveis às tempestades mais duras e à subida dos níveis do mar resultantes das mudanças climáticas. A Agência Federal de Gestão de Emergências (Federal Emergency Management Agency – FEMA), que cuida das vítimas de desastres, está incentivando as comunidades a lidar com a mudança climática, mas a própria agência não tem planos para realocação e não há vontade política ou recursos para ajudar comunidades como Newtok ou Shishmaref a se mudarem de zonas de desastre.

"Sabemos que o que está acontecendo aqui no Ártico é uma pequena amostra do que está para acontecer com o resto do mundo e com o resto dos Estados Unidos", diz Patricia. "Quero convencer as comunidades costeiras na Flórida, Nova York e Califórnia de que é preciso se preocupar também, porque as projeções da mudança climática mostram que aquelas comunidades estão para enfrentar os mesmos tipos de problemas que estamos enfrentamos aqui agora. Para mim, faz sentido que alguém queira o máximo possível de informações para prever o quer que seja com segurança."

Enquanto ela trabalha para ajudar os indígenas do Alasca a lutar contra a mudança climática, o que às vezes parece uma batalha perdida, Patricia se inspira em alguém mais velha do que ela, sua amada mãe, que faleceu já há alguns anos, aos 96 anos. A mãe de Patricia, quando criança, viu uma epidemia de gripe levar sua família quase inteira, exceto seu pai. Desolada e traumatizada, a mãe de Patricia foi tirada de sua comunidade quando tinha 8 anos e mandada para um colégio interno, onde permaneceria até os 18. "Ela perdeu sua língua. Perdeu sua cultura", lembra Patricia. "Apesar disso, lutou o resto de sua vida para garantir que seus filhos tivessem o necessário para sobreviver."

Patricia se lembra de sua mãe como uma pessoa otimista, embora tenha sofrido muito, um espírito indomável que ensinou a cada um de seus oito filhos a manter a resiliência e continuar firmes diante das adversidades. Quando Patricia viaja pelos Estados Unidos e para outros países, ela encerra suas apresentações contando histórias sobre sua mãe, que estaria trabalhando a seu lado contra os efeitos da mudança climática. "Era uma mulher extraordinária e adaptável. Apesar de tudo o que está acontecendo agora com a nossa comunidade, ela estaria abrindo caminhos."

Ter em mente a imagem de uma mãe determinada dá a Patricia a força de que precisa. E isso ajuda a encher sua mensagem de esperança. "Quando você vive uma experiência como a de minha mãe, isso realmente me faz entender que podemos lidar com qualquer coisa", ela diz. "Sempre fomos resilientes, adaptáveis, criativos, incríveis – o que nos ajudou a ver através da escuridão dos tempos no passado. Aquela resiliência e aquele espírito ainda nos ajudarão nos tempos que estão por vir."

5

UM LUGAR À MESA

Quando criança, crescendo no fim dos anos 1980 na região do Sahel, na República do Chade, Hindou Oumarou Ibrahim adorava ajudar sua avó a ordenhar o gado vermelho de chifres longos de sua família. De pé, diante do enorme ventre dessas majestosas criaturas, Hindou segurava uma lata enquanto a avó habilmente ordenhava o gado, que esguichava um líquido morno. A avó de Hindou vendia o leite no mercado, mas mantinha grandes reservas de nata para os netos, Hindou e seus quatro irmãos. Sempre tinha muita coisa para fazer.

"Durante a minha infância, uma vaca rendia dois litros por dia", recorda-se Hindou. "Ao longo da estação das chuvas, ordenhávamos duas vezes, pela manhã e pela noite. Agora ordenhamos somente uma vez a cada dois dias, e tiramos um copo de leite se tivermos sorte. Um copo a cada dois dias não é suficiente para alimentar as crianças ou para vender e comprar cereais."

Os efeitos da mudança climática estão alterando drasticamente as tradições dos Fulani-Wodaabe, um grupo de cerca de 250 mil nômades, uma das mais sagradas comunidades pastoris do Chade. Criadores wodaabe viajam grandes distâncias pelo Sahel a fim de levar seus rebanhos para pastar, muitas vezes atravessando as fronteiras de Camarões, Níger, Nigéria e da República Centro-Africana para encontrar os melhores pastos ou fonte de água. Alguns membros do grupo são completamente nômades, viajando por todo o Sahel, enquanto outros, especialmente aqueles que cuidam do gado, permanecem no Chade e em Camarões. Como nômades antigos, os wodaabe têm confiado nos séculos de conhecimento tradicional aprimorado para ajudar a entender o que fazer diante dos padrões climático-sazonais.

Ao observarem a posição das estrelas ou as mudanças na direção dos ventos de leste a oeste, os Wodaabe podem prever quando as chuvas vão cair. Alinhados com os elementos, eles sabem que, quando certos passarinhos constroem seus ninhos bem alto nas árvores, a próxima estação chuvosa vai trazer inundação ou que a proliferação de certo inseto é um sinal seguro de que haverá chuva – mesmo se o céu estiver absolutamente claro. Esse conhecimento tem sido uma garantia constante na vida da comunidade e preservado seus antigos costumes.

Mas agora a confiabilidade das previsões do tempo dos Fulani-Wodaabe ficou comprometida pelos padrões climáticos cada vez mais instáveis, ou seja, desertificação e a seca. O lago Chade, outrora um dos maiores corpos de água da África, encolheu nos últimos cinquenta anos: de quase 16 quilômetros quadrados para apenas 1.550 – uma combinação dos efeitos dos represamentos ineficientes, da irrigação e da mudança climática. O vibrante sistema ecológico do lago que outrora produzia peixes, alimentava milhões de acres de campos de agricultura e fornecia imensos campos de pastagem agora simplesmente desapareceu. O gado produz menos leite e tem morrido de sede. Largas faixas de terras verdes exuberantes, as quais por gerações sustentaram os pastos, agora estão secas e frágeis. Plantas das pastagens que forneciam grama nutritiva para o gado desapareceram e deram lugar às novas variedades que deixam os animais doentes.

Os igarapés à beira do lago Chade, onde Hindou amava brincar quando criança, desapareceram, forçando os wodaabe a deixar suas estradas nômades rumo a novos territórios. "No passado, quando nos mudávamos de um lugar para o outro, permanecíamos uma semana, no mínimo, e no máximo um mês", afirma Hindou. "Agora, os wodaabe permanecem apenas três dias porque não há água nem pasto. Os igarapés onde eu nadava quando criança secaram e desapareceram. A comunidade precisa se mudar constantemente e em diferentes direções para procurar comida. Todos viajam pelos corredores da morte." Os wodaabe precisam competir por terras pastáveis com outros vaqueiros e fazendeiros de subsistência e, por isso, há frequentes – e às vezes fatais – conflitos por escassas terras férteis. Muitas vezes, quando voltam para terras que haviam cultivado anteriormente, os wodaabe descobrem que foram tomadas por outra comunidade.

Como na comunidade de Constance Okollet, em Uganda, onde as novas limitações impostas pela mudança climática impactaram principalmente as mulheres wodaabe, que são forçadas a viajar para mais longe no deserto para buscar água e comida. Mais de 7 milhões de pessoas ao redor do lago Chade estão agora sendo castigadas pela fome com meio milhão de crianças agudamente desnutridas. Com as reservas de leite cada vez menores, as mulheres precisam suprir a dieta de suas famílias com alimentos pouco familiares, tais como milho, painço e arroz. "Todo o sistema de alimentação se alterou, e há muitas doenças", diz Hindou. "Por causa da falta de acesso à água, os wodaabe agora bebem a mesma água que o gado, que não é limpa." Muitos criadores da comunidade de Hindou abandonaram seu modo de vida tradicional para se tornar seminômades ou assentados – suas criações desaparecidas por doenças ou por sede ou vendidas para manter suas famílias vivas.

Desordem e frustração reinam entre os mais velhos ao lidar com um mundo onde seus conhecimentos tradicionais e suas previsões sazonais não estão mais em sincronia com o clima imprevisível do Sahel. Ao temerem que sua relação que remonta gerações com a terra esteja sob ameaça e que sua confiança junto à comunidade esteja frágil, os mais velhos invocam poderes maiores. "Eles acreditam que sejamos más pessoas, e por isso precisamos rezar e fazer sacrifícios", disse Hindou. "Eles não sabem as origens da mudança climática. Não veem solução chegando para eles. Apenas acreditam em Deus e que Deus trará a solução."

∞

Assim como os primeiros anos de Hindou ditaram o ritmo da vida nômade de sua família, a quase 6 mil quilômetros dali, nas profundezas do norte selvagem, a infância de Jannie Staffansson se deu na azáfama das necessidades das vastas criações de renas de sua família. Jannie pertence ao povo Sámi [da Lapônia] – um dos poucos grupos indígenas da União Europeia – que viveu por séculos numa área de 240 mil quilômetros quadrados, cobrindo faixais mais ao norte da Noruega, Suécia, Finlândia e da península de Kola, na Rússia. Aproximadamente 100 mil Sámi estão espalhados pela tundra isolada com cerca de 20 mil vivendo na Suécia. Um povo nômade que por gerações criou renas, os Sámi da Suécia foram vítimas de discriminação sistemática e da colonização dentro de seu próprio país. Nos anos 1930, muitas crianças Sámi foram forçadas a frequentar escolas internas estatais e proibidas de falar sua própria língua. Hoje em dia, empresas de petróleo, de gás e força eólica invadem as comunidades Sámi e ameaçam os estoques dos pastores e o modo de vida dos moradores. Embora grande parte dos Sámi tenha deixado a tundra e se mudado para as cidades do extremo sul da Suécia, muitos ainda sofrem preconceito por suas origens indígenas.

Ao crescerem em Sápmi – a área Sámi na Suécia onde há três renas para cada humano –, Jannie e seus irmãos passaram algum tempo livre fora da escola, ajudando seu pai com as criações de renas. Ao seguir o calendário Sámi, que tem oito estações baseadas nos ciclos de vida das renas – assim como as estações tradicionais, os Sámi observam a primavera-invernal, a primavera-verão, o verão-outono e o outono-invernal –, Jannie, envolta em roupas de lã tradicionais com estampas brilhantes e botas de pele espessa de rena, aprendeu a lidar com longos dias passados do lado de fora em temperaturas abaixo de zero. No verão, durante a temporada da marcação, o pai de Jannie ensinou aos filhos como laçar filhotes de rena e, com uma faca afiada, fazer pequenos entalhes nas orelhas dos animais. No inverno, o pai de Jannie costumava se ausentar por muitas semanas e tangia as renas para grandes distâncias para seu pasto de inverno, onde elas comiam o líquen nos altos galhos das florestas coníferas, sempre atentos com predadores, como lobos, ursos e linces. "Eu fui levada a acreditar que as renas vieram antes", disse Jannie. "Meu pai não estava presente no Natal, nos aniversários nem nos eventos de escola porque a criação de renas era mais do que um trabalho em tempo integral. Nós estávamos em paz com isso. Tanger as renas era a coisa mais importante."

Passados hoje trinta anos – dada sua proximidade com o Ártico, que está aquecendo em média duas vezes mais do que a média global –, o povo Sámi notou mudanças no ambiente natural e no clima. Quando criança, Jannie ouvia seus pais e os mais velhos da comunidade falarem sobre a mudança das estações – como os outonos estavam mais longos e úmidos, os invernos mais quentes e a primavera imprevisível. Em um rico léxico bem próximo da natureza – os Sámi têm mais de trezentas formas de dizer *neve* –, o pai de Jannie descrevia o impacto assustador da mudança climática em seu rebanho: a variação de temperatura causava o derretimento da neve para então congelar outra vez, aprisionando os líquens nutritivos de que as renas se alimentam sob uma folha dura de gelo. "Essa crosta de gelo tornou impossível para as renas sentir o cheiro do líquen por baixo", disse Jannie. "As renas apenas ficam perambulando, gastando muita energia tentando farejar e localizar o alimento sem saberem que está bem ali." As temperaturas mais quentes também causaram o congelamento de lagos e rios muito mais tarde do que o de costume, afetando o caminho das migrações para os pastos de inverno. Ao saber de rebanhos inteiros perdidos por caírem através do gelo fino, o pai de Jannie se via forçado a fazer desvios significativos, estressando os animais. "Um pastor de renas precisa estar pronto para prever o clima e de modo a se manter seguro", diz Jannie. "Cada vez mais renas e pessoas estão caindo no gelo."

Ver seu pai se adaptando à mudança do meio ambiente fascinou Jannie. Quando tinha por volta de 10 anos, ela se lembra de incentivá-lo a compartilhar suas preocupações a respeito das estações que se alteravam – e seu impacto nas renas – para as autoridades suecas. "Eles nunca nos ouviriam ou acreditariam", disse-lhe gentilmente seu pai, que tinha apenas o ensino médio. "Para que acreditem em nós é preciso ter ensino superior, algo que não temos." As palavras de seu pai se mostraram seminais para Jannie, que decidiu então que obteria educação superior para que aquelas autoridades prestassem atenção no que seu povo tinha a dizer. "Eu entendo que as pessoas que têm conhecimentos essenciais, como o povo Sámi, não são ouvidas porque não foram educadas no sistema ocidental. Meu povo não tinha voz, mesmo que contasse com informação obtida empiricamente."

Firme com sua palavra, Jannie se tornou bacharel em Química Ambiental pela Universidade de Gotemburgo e atualmente cursa mestrado em Química Orgânica. A educação de Jannie, combinada com os conhecimentos tradicionais passados por seu pai, deu a ela a confiança para defender o povo Sámi e perseguir soluções para os desafios ambientais que eles enfrentam. "Minha graduação me permitiu entrar em ambientes que eu nunca teria ousado entrar ou acessar antes. De repente, as pessoas me levam a sério." Mas existem desafios também, remanescentes dos velhos preconceitos raciais contra os Sámi que a avó de Jannie – que quando criança foi proibida de usar sua língua materna – enfrentou outrora. "Algumas pessoas me perguntaram se eu era mesmo de origem Sámi por causa da minha graduação em química", destacou Jannie. "Uma pessoa me perguntou: 'Você tem certeza de que não tem nenhum gene sueco? Porque os Sámi não são tão inteligentes assim."

Jannie trabalha agora com problemas científicos e ambientais para o Conselho Sámi, uma "organização guarda-chuva" que promove os direitos dos povos Sámi da Noruega, da Suécia, da Finlândia e da Rússia. Em 2015, ela foi eleita para um trabalho em grupo junto ao Conselho Ártico e teve um papel-chave na representação do grupo na COP21, a cúpula do clima da ONU, em Paris. Jannie se tornou uma voz poderosa pelos direitos das pessoas indígenas de todo o planeta e dos desafios do tratamento com a vida que eles enfrentam. Ao falar em nome do Conselho Sámi, Jannie viaja pelo mundo, descrevendo a batalha do dia a dia que seu pai e seu rebanho enfrentam contra o tempo imprevisível e as soluções que seus conhecimentos tradicionais podem encontrar. Ela adverte contra os desafios impostos por alguns projetos de energia renovável – particularmente os gigantescos parques de moinhos de vento que cuidam da segurança e da migração dos rebanhos de renas – e a frustração que o povo Sámi sente quando seus apelos para manter seus direitos pela terra caem em ouvidos moucos.

Em abril de 2017, em Bruxelas, Jannie e eu estivemos juntas em um painel no Parlamento europeu, organizado pelo Comitê dos Direitos das Mulheres e de Igualdade de Gênero (Committee on Women's Rights and Gender Equality – FEMM). Jannie elogiou o Parlamento por realizar uma discussão sobre gênero e justiça climática. Então fez uma pausa, olhou ao redor no salão e disse com uma voz desafiadora: "Por que demoraram tanto?" Houve um momento de silêncio e então um prolongado aplauso. Dois anos antes, no clímax da proclamação do Acordo de Paris, Jannie lançou uma reprimenda emocionada quando soube que a garantia do respeito à língua como direito dos povos indígenas estava para ser riscada da versão final do acordo histórico. Ela era apenas uma das centenas de indígenas que tinham ido a Paris para lutar pelos diretos de sobrevivência de seus povos. Jannie assistiu com desgosto ao momento em que as mais poderosas nações lutaram para defender seus interesses e riquezas, ignorando que o que ela sentia era o único problema à mão – a luta entre vida e morte que os Sámi e outros povos nas linhas de frente da mudança climática sentem.

Um pouco antes de Paris, a tia-avó de Jannie havia andado por gelo fino e caído na água, em Sápmi, e, apesar dos esforços desesperados para resgatá-la, ela nunca mais foi vista. "Meus amigos, essa é a cara de uma Sámi zangada", disse Jannie, com a voz trêmula. "Nós somos as pessoas que estão morrendo. Meus amigos, minha família, eles são aqueles que caem na água, eles são aqueles que são mortos em avalanches... Como pode o propósito dessa negociação não ser as pessoas? Como nossa voz pode ser silenciada tantas vezes – e repetidamente?" Sua voz e a de muitos outros garantiram uma provisão no § 135 do acordo dedicado a uma plataforma para povos indígenas. Que pelo menos teria sido uma base para ação futura.

∞

Depois do divórcio de seus pais, um desenrolar chocante na coesa comunidade patriarcal Wodaabe, Hindou – a terceira de cinco irmãos – se mudou com sua mãe e família para a capital do Chade, N'Djamena, aos 6 anos. Embora seu pai retornasse ocasionalmente à vida nômade, ele deu permissão a Hindou para frequentar a escola, uma rara oportunidade para uma menina wodaabe. "Aquela chance de receber uma educação era o começo da vida da mudança climática que eu agora vivo", disse Hindou. Mas a coragem do seu pai em permitir que Hindou frequentasse a escola acabou por fazer com que a comunidade Wodaabe expulsasse sua mãe. "As pessoas diziam que ela era louca de enviar seus filhos, especialmente as meninas, para a escola", lembra-se Hindou. "Aquele foi um momento de grande desafio para ela, que, no entanto, estava decidida a dar a seus filhos uma educação ocidental e identidade."

Durante a fase escolar, Hindou viveu em N'Djamena, mas todo verão retornava para as vastidões do Sahel e o modo de vida de sua comunidade nômade. Sob a tutela da avó, Hindou seguiu os mesmos ritos de passagem das outras meninas da comunidade, ordenhando as vacas e realizando pequenos trabalhos. Porém, no seu retorno à escola, ao fim do verão, ela se tornava alvo de bullying – caçoavam dela por suas raízes. "As outras meninas não queriam se sentar perto de mim porque eu era de uma comunidade pastoril. Elas me provocavam, dizendo que eu fedia a leite. Eu me senti discriminada." Cansada do abuso, Hindou começou por iniciativa própria uma organização na escola em defesa de crianças que sofriam bullying. Tinha apenas 12 anos. "Era uma associação para proteger os direitos dessas outras crianças marginalizadas", disse Hindou, "e os meus".

Duas décadas mais tarde, Hindou aplica o mesmo espírito de luta ao falar em favor da comunidade Wodaabe e pelos direitos de mulheres e grupos indígenas. Ela se tornou uma ativista do clima em 2000. Enquanto participava de um encontro em Nairóbi, ouviu, pela primeira vez, a expressão *mu-*

dança climática. Por anos, os Wodaabe vinham lutando para se adaptar a padrões instáveis de tempo, e seus desafios de repente fizeram sentido para Hindou. "Eu já tinha entendido os extremos em nossos padrões de clima, mas pensava que nós éramos o único povo que lutava contra isso, usando nosso conhecimento tradicional. Agora entendo que outros povos ao redor do mundo têm lidado com o mesmo problema."

Tentar perambular pelos corredores da diplomacia internacional do clima se mostrou desafiador. "Ser uma mulher africana é desafiar limites. Ser uma mulher indígena é uma dupla marginalização", disse. Em 2006, na primeira conferência sobre mudança do clima da ONU de que participou, no Quênia, quando tinha apenas 21 anos, Hindou, com um status de ouvinte, somente conseguia observar as negociações pelas bordas. "Eu fiquei confusa", ela se lembra. "Eram os Wodaabe que estavam vivendo a realidade, e aqueles que se sentavam na mesa principal estavam vivendo nas grandes cidades. Pessoas que vivem em cidades não têm como saber a realidade da mudança climática daquilo pelo qual estamos passando. Eles não podem decidir o que é melhor para nós."

Como no caso das crianças pastoras que eram excluídas na escola, Hindou decidiu que não podia ficar parada enquanto sua comunidade era ignorada. De volta ao Chade, ela procurou o governo local para destacar os desafios que os Wodaabe enfrentavam e começou sua própria organização, a Associação das Mulheres Fula Autóctones do Chade (Association des Femmes Peules Autochtones du Tchad – AFPAT), para lutar pelos direitos e proteção ambiental dos indígenas Fulani e ajudá-los a administrar melhor seus próprios recursos naturais. "Nas comunidades pastoris, não se pode falar sobre direitos humanos sem falar de direitos ambientais, porque nós dependemos do que o meio ambiente nos dá", ela diz. Ao reunir homens, mulheres e os mais velhos, ela criou um mapa tridimensional dos recursos da comunidade relacionados a seus conhecimentos tradicionais. Os homens mostraram onde ficavam as montanhas, rios e os locais sagrados; as mulheres indicaram os locais para onde iam a fim de buscar comida e água. Depois, Hindou mostrou aos legisladores o mapa criado pelos Wodaabe. "Colocamos nosso mapa ao lado do mapa do satélite do governo. Isso mostrou claramente que nosso mapeamento comunitário obteve dados mais realistas quanto aos efeitos das mudanças climáticas que o mapa do satélite. Demonstramos que o povo não precisa ir à escola para mostrar ao governo seu próprio meio ambiente."

Após a frustração em Copenhagen, quando países em desenvolvimento acusaram as nações mais ricas de tomar para si as negociações e mantê-las em banho-maria, Hindou convenceu o eminente documentarista francês Nicolas Hulot a filmar o apuro dos Wodaabe no Chade. O filme, *Espoir de vie* [Esperança de vida], o último da carreira de Hulot, foi lançado em 2011. "Aquele foi o momento em que meu governo, no Chade, começou a se interessar por nós", falou Hindou. Em 2013, ela foi eleita para uma das cadeiras do Fórum Internacional dos Povos Indígenas Sobre Mudança Climática (International Indigenous Peoples Forum on Climate Change – IIPFCC). Ela agora tem um assento na mesa de negociação, um passo significativo em relação a sua posição inicial de mera observadora. Dessa mesa, Hindou luta para garantir que os conhecimentos dos povos tradicionais e indígenas sejam parte de qualquer negociação de solução climática. "Povos indígenas e comunidades locais estão na linha de frente dessa crise. Nós aguentamos os impactos das indústrias que poluem e dos países que deixaram para nós o fardo da mudança climática. Precisamos definir nosso próprio caminho." Nações desenvolvidas "têm que parar de poluir, parar com a extração de carvão, e pensar em energia renovável e desenvolvimento sustentável. Se eles não pensarem nisso, então todos estaremos mortos, com certeza."

A impressionante Hindou, uma jovem que usa vestidos típicos de seu país, coloridos e elegantes, destaca-se com facilidade em uma conferência do clima. Na cúpula do clima das Nações Unidas de 2016, em Marrakesh, Hindou estava animada porque ela, Jannie Staffansson e outras vozes indígenas conseguiram garantir um significativo avanço para seus povos no Acordo de Paris. Esse avanço, que consta no § 135 do acordo, reconheceu a necessidade de uma agenda para povos indígenas que tivesse uma base para ação futura. "Precisamos progredir aqui em Marrakesh com o § 135", disse Hindou. "Será uma plataforma vital para que façamos com que nossas prioridades sejam aceitas."

Antes do encontro do IIPFCC, Hindou confessou que o grupo estava lutando para avançar com a agenda. Convidada a se dirigir ao grupo, eu lhes falei de um momento memorável na história irlandesa em que o povo Choctaw, nos Estados Unidos, ajudou os irlandeses, em 1847, o terceiro ano da fome da batata, quando a colheita fracassou novamente. Naquele ano, na primavera, os Choctaw se encontraram para marcar os dez anos que foram banidos de suas terras tribais para Oklahoma. De algum modo eles foram informados de que milhões de pessoas em uma ilha distante estavam famintas e levantaram 173 dólares nesse encontro – uma grande soma de dinheiro na época – e enviaram para aliviar o fardo das vítimas da fome da Irlanda. Cento e cinquenta anos depois, em março de 1997, viajei até Oklahoma como presidente da Irlanda para agradecer ao povo Choctaw. A compaixão dos Choctaw por um povo que estava perecendo a milhares de quilômetros de distância era a prova de que o socorro pode vir de lugares inesperados e que a geografia não tem que ser uma barreira para a empatia.

A coragem dos pais de Hindou ao ir de encontro aos desejos de sua comunidade pastoril para que sua filha recebesse educação sem querer deu à comunidade Wodaabe uma tábua de salvação – essa pacata, mas determinada mulher. A educação permitiu a Hindou se tornar uma voz em defesa de sua comunidade, de erguer-se acima dos limites patriarcais dos Wodaabe. Levou anos para que fosse levada a sério pelos mais velhos de sua comunidade, para que enxergassem além de seu gênero, mas ela conseguiu ser respeitada. Recentemente, enquanto levava um grupo de jornalistas ocidentais para visitar os Wodaabe, alguém perguntou aos mais velhos o que eles pensavam do trabalho de Hindou. "Ela é nossa esperança", respondeu um ancião. "Se nós vemos um avião no céu, apontamos e dizemos 'Hindou está lá fazendo negociações. Ela foi conseguir para nós uma solução.'" Tal é a fé que se tem nela que a prioridade maior de Hindou quando retorna de seu trabalho no exterior com a mudança climática é viajar para o Sahel e visitar os anciãos Wodaabe. E ela passou a temer a primeira pergunta que eles fazem: Será que ela voltou com uma solução para os seus problemas?

"Digo a eles que terei uma solução em breve", diz Hindou com lágrimas nos olhos. "Eles pensam que estou encontrando uma solução, mas sei como é lenta a luta contra a mudança climática e que a solução não virá amanhã. E não chegará para eles. Não será para agora." Então ela se acalma e mostra seu forte caráter. Encontrar essa solução é seu objetivo, e ela está determinada a continuar lutando, repetindo: "Precisamos definir nosso próprio caminho."

As experiências de Hindou e Jannie podem parecer distantes e desligadas da vida. Mas suas histórias servem como um terrível aviso. A falta de água enfrentada pela comunidade de Hindou no Sahel e o derretimento da tundra na Lapônia de Jannie são sinais inequívocos de um planeta estressado. Seus destinos estão inextricavelmente ligados aos nossos. Suas comunidades indígenas têm uma relação íntima com a terra e o mundo natural. Anos antes de os cientistas entenderem por completo a escala das mudanças climáticas, pastores no Sahel e na Lapônia falaram de alterações alarmantes no clima. Nós podemos aprender com a sabedoria com que esses povos se adaptam a tais mudanças drásticas. Nós precisamos ouvi-los.

6

PEQUENOS PASSOS RUMO À IGUALDADE

Com mais de 3 mil quilômetros de costa, o Vietnã é altamente vulnerável ao impacto da mudança climática. As regiões costeiras baixas do país e o extenso sistema do delta fluvial o tornam suscetível à subida do mar e à intrusão do sal em zonas cultiváveis, particularmente no delta do rio Mekong, onde vive praticamente um quarto da população do país. No continente, comunidades das regiões altas sofrem os efeitos dos mais severos e imprevisíveis climas, incluindo inundações-relâmpago, que dificultam as condições em aldeias montanhosas já permeadas de pobreza e insegurança alimentar.

Vu Thi Hien, avó de quatro netos, deixou um importante cargo de professora na Universidade de Agronomia de Hanói para ajudar a preservar as florestas naturais e a biodiversidade e a dar suporte a comunidades pobres – compostas principalmente por minorias étnicas – que vivem nas encostas de calcário que se espalham por aquelas florestas. Destruída pela excessiva exploração, as florestas naturais – exuberantes nas madeiras de lei, como a *Hopea odorata*, e no sonoro coro dos animais locais, pássaros e insetos – foram aos poucos desaparecendo desde os anos 1940. Durante a Guerra do

Vietnã, quase 13 mil quilômetros quadrados de floresta – 6% da área seca do país – foram obliterados quando as forças estadunidenses derramaram milhões de galões de desfolhante em uma tentativa de descobrir os vietcongues escondidos em meio aos arbustos tropicais.[1] Desde então, mais florestas nos altos platôs foram devastadas a fim de abrir caminho para o comércio mais lucrativo e colheitas perenes, como café, caju e borracha, e para carcinicultura e a aquicultura.[2] Em 1998, um marco histórico foi decretado pelo governo vietnamita a fim de restaurar a cobertura da floresta para os níveis de 1940, por meio da plantação de milhões de hectares de novas árvores, que se mostrou amplamente exitoso. Embora a cobertura total das florestas do Vietnã tenha crescido desde 1998, há um grau alarmante de degradação de florestas naturais diante da exploração ilegal para exportação de madeira e produção de papel, a invasão da agricultura e crescentes efeitos da mudança climática.[3] Agora, no Vietnã, sobraram apenas 80 mil hectares de floresta natural primitiva.[4]

Assim como os oceanos, que cobrem uma alta porcentagem de nosso planeta, as florestas ao redor do mundo atuam "na captura de carbono". Ao longo da vida, as árvores recolhem dióxido de carbono e liberam oxigênio através da fotossíntese, transferindo o carbono a seus troncos, galhos, raízes e folhas à medida que crescem. Quando as árvores

---

1 Mike Ives, "In War-Scarred Landscape, Vietnam Replants Its Forests", *Yale Environment 360*, 4 nov. 2010, <e360.yale.edu/features/in_war-scarred_landscape_vietnam_replants_its_forests>.
2 "The Context of REDD+ in Vietnam: Drivers, Agents and Institutions", *Center for International Forestry Research*, 2017, <www.cifor.org/library/3737/the-context-of-redd-in-vietnam-drivers-agents-and-institutions/>.
3 Ibidem.
4 Ibidem.

morrem ou são derrubadas, queimadas ou se decompõem, o carbono armazenado é liberado de volta na atmosfera, o que é conhecido como "respiração", adicionando níveis de CO_2 e contribuindo para o aumento de gases do efeito estufa. Na luta contra a mudança climática, manter as florestas virgens vivas é fundamental não somente porque elas reduzem a quantidade de carbono no ar, mas porque são grandes reservatórios de carbono. Globalmente, a "respiração" das plantas e das árvores contribui com seis vezes mais dióxido de carbono do que os combustíveis fósseis. A preservação das florestas vietnamitas é um fator importante na luta do país para diminuir suas emissões, já que se estima que os estoques de carbono em florestas naturais é cinco vezes maior que em áreas reflorestadas pelo homem.[5] Nos últimos quarenta anos apenas, mais de 1 bilhão de acres de floresta tropical em todo o mundo – uma área igual em tamanho à quase metade dos Estados Unidos – foi cortado por madeireiras, mineradoras, exploração e pela agricultura familiar.[6] Esse ritmo de desmatamento é tão vasto que agora constitui a segunda maior causa de aquecimento global – sendo a origem de aproximadamente 15% das emissões de gases do efeito estufa, mais que o total emitido por carros e caminhões movidos a combustível fóssil no mundo. De acordo com lorde Nicholas Stern, principal economista na questão das mudanças climáticas, autor de um influente estudo sobre economia da mudança climática, reduzir o desmatamento é a "maior oportunidade

---

5 Ibidem.
6 Don J. Melnick, Mary C. Pearl e James Warfield, "A Carbon Market Offset for Trees", *New York Times*, 19 jan. 2015, <www.nytimes.com/2015/01/20/opinion/a-carbon-o set-market-for-trees.html?mcubz=1>.

em termos de custo-benefício para as reduções imediatas de emissão de carbono".[7]

Mas proteger as florestas do mundo – e reduzir essas emissões – pode dar resultado apenas se envolvermos as comunidades indígenas que vivem nas florestas do nosso planeta e que atuam como seus guardiães. Um relatório de 2016 feito por um grupo de instituições acadêmicas e organizações não governamentais que defendem a causa ambiental destacou que povos indígenas manejam pelo menos 24% do total de carbono armazenado sobre a terra nas florestas tropicais do mundo,[8] maior em 250 vezes o montante de dióxido de carbono emitido por todas as viagens aéreas feitas em 2015.[9] Ao menos um décimo do carbono encontrado nas florestas tropicais do mundo está em florestas sem reconhecimento legal, o que as expõem mais ao risco de sofrer com a extração de madeira e o cultivo desenfreado.[10] Enquanto o mundo começa a se comprometer com as ações estabelecidas no Acordo de Paris, assinado em dezembro de 2015, fortalecer as comunidades das florestas na proteção de seus habitats pode ajudar a estabilizar drasticamente os crescentes níveis de emissão. Dado que muitos habitantes das florestas também aparecem entre os mais pobres do mundo, ajudá-los a cuidar de seus recursos pode tirar milhões dessas pessoas

---

7 Stern Review: The Economics of Climate Change, <http://unions forenergydemocracy.org/wp-content/uploads/2015/08/sternreview_report_complete.pdf>.
8 Equivalente a uma medida de 54,546 bilhões de toneladas de carbono.
9 "Toward a Global Baseline of Carbon Storage in Collective Lands", Rights and Resources Initiative, nov. 2016, <www.rightsandresources.org/wp--content/uploads/2016/10/Toward-a-Global-Baseline-of-Carbon-Storage--in-Collective-Lands-November-2016-RRI-WHRC-WRI-report.pdf>.
10 Ibidem.

da miséria. O Vietnã é o lar de pelo menos 25 milhões de pessoas dependentes da floresta, que recebem uma média de 20% de seus ganhos dos recursos naturais.[11] A maioria desses grupos é composta de membros de minorias étnicas que vivem na pobreza nas planícies ao norte e nos planaltos centrais. Mas convencer comunidades empobrecidas a erradicar a extração de madeira – quando as florestas tropicais valem mais mortas que vivas – permanece um desafio.

No verão de 1998, após completar seu mestrado na Universidade de Sydney, Vu Thi Hien fez as malas e voltou para o Vietnã. Embora tenha construído uma vida inteira na academia, a Austrália mexeu tanto com Hien que, em 2000, ela abandonou os planos de aprofundar seus estudos e decidiu aplicar suas habilidades e a metodologia adquiridas na Austrália para ajudar as pessoas menos afortunadas que ela no Vietnã. "O que aprendi na Austrália não foi somente fruto de conhecimento acadêmico. Aprendi como dar forma aos meus pensamentos em um Estado de Direito. Vivendo na Austrália, comecei a entender o que um país precisa para se desenvolver e como posso contribuir para melhorar a vida no meu país." Hien havia trabalhado como consultora para a criação de um projeto de microcrédito nas áreas planas das províncias de Phu Tho e Lao Cai. Ali, ela foi tocada pela pobreza que testemunhou em meio às minorias étnicas das províncias, particularmente as mulheres. Agora, instintivamente, ela se concentra nas encostas serrilhadas das montanhas do norte do Vietnã, uma área de estonteante beleza, mas de uma pobreza sem-fim. Aproximadamente a três horas de Hanói, no distrito de Vo Nhai, ao norte, Hien encon-

---

11 "The Context of REDD+ in Vietnam", *op. cit.*

trou estradas estreitas de barro que levavam a aldeias à beira de encostas montanhosas de puro calcário. No povoado de Binh Son, ao norte da comuna de Cuc Duong, Hien encontrou membros das etnias Tay, Dzao e Hmong, cuja cultura tradicional foi preservada de maneira única, parecendo estar a séculos de distância da rápida globalização e do desenvolvimento que varre as planícies baixas do Vietnã. Nos limites das vastas florestas tropicais, os aldeões mostraram para Hien como haviam desenvolvido pequenas ilhas de subsistência que resultaram em arroz úmido, milho, mandioca e verduras; também criavam porcos, búfalos e galinhas, tudo à sombra de suas matas fechadas. Cada família complementava esse pequeno ganho se embrenhando na floresta tropical para catar araruta, inhame, cará e lenha. Mulheres da aldeia procuravam no chão úmido da floresta preciosas ervas medicinais como cardamomo, cogumelos *yen mat* e *linh chi*. Contudo, nas décadas recentes, o perímetro da floresta começou a encolher devido à excessiva extração de madeira, conforme os moradores contaram a Hien. A majestosa e estimada árvore *Burretiodendron hsienmu*, tão grandiosa que muitos adultos de mãos dadas não conseguiriam abraçar seu tronco, era agora difícil de encontrar. A cacofonia da rica biodiversidade – de galos e cegonhas selvagens, leopardos, macacos e cabras – havia se calado com o ronco da serra das madeireiras. Enquanto cada novo hectare de floresta era retirado, os efeitos sobre as aldeias do entorno se tornavam mais aparentes. "A floresta regula a temperatura dos assentamentos que a rodeiam", disse Hien. "No verão, sem a sombra das árvores, era quente demais; no inverno, frio demais. Não havia mais água corrente para as fazendas porque as árvores foram cortadas. Secas se tornaram cada vez mais regulares.

As colheitas nas comunidades começaram a não vingar, e os ganhos da agricultura se perdiam." Com tantas mulheres nas comunidades confiando nas florestas como fonte de recursos, a degradação começou a conduzir e a exacerbar as desigualdades de gênero.

Motivadas por sua pesquisa e pela situação desesperadora dessas comunidades de minoria étnica assentadas nas montanhas, Hien decidiu criar sua própria organização, o Centro de Pesquisa e Desenvolvimento em Áreas de Planícies (Centre of Research and Development in Upland Areas – CERDA). Pelo CERDA, Hien teve uma visão poderosa: convencer as autoridades vietnamitas a fornecer a propriedade formal para as comunidades das planícies ou os direitos de uso das florestas para que eles pudessem atuar como "zeladores", gerando ganhos e mitigando os efeitos da derrubada de árvores e das mudanças climáticas.[12] "Fiquei tocada pelas famílias que encontrei", disse Hien. "As imagens me perseguiam. Apesar de sua extrema pobreza, esse povo era cheio de dignidade. Eles mostravam orgulho ao se candidatar a receber recursos do governo. Eu quis ajudá-los."

Um ano mais tarde, em 2005, a Convenção-Quadro das Nações Unidas sobre a Mudança do Clima propôs o estabelecimento de uma iniciativa conhecida como REDD (Reduzindo Emissões de Desmatamento e Degradação florestal e conservação do estoque de carbono florestal, manejo sustentável das florestas e aumento do estoque de carbono), responsável por oferecer incentivos financeiros a países em desenvolvimento a fim de que impeçam a extração ilegal de

---

12 Povos indígenas e comunidades locais costumam reivindicar pelo menos 50% das terras do mundo, mas legalmente são donos de apenas 10%.

madeira, de modo que os países desenvolvidos compensem sua emissão de carbono ao investir em projetos que promovam o cuidado sustentável com as florestas. Por meio do programa, mais tarde expandido para se tornar REDD+, comunidades locais indígenas vivendo dentro ou próximo de áreas florestais foram "contratadas" para gerir e proteger as florestas, tornando possível monitorar a quantidade de carbono que estaria deixando de ser emitida. Essas comunidades indígenas mantiveram suas florestas de modo sustentável desde tempos imemoriais, desenvolvendo conhecimentos tradicionais e práticas que lhes haviam permitido adaptar-se à mudança climática. Usar sua *expertise* seria vital para a preservação das florestas. Em 2009, o Vietnã se tornou um dos países escolhidos para estrear o programa REDD-ONU, e o CERDA, sob a liderança de Hien, com o apoio de patrocinadores internacionais, iniciou um projeto na província de Thai Nguyen para ajudar as minorias étnicas a proteger e preservar suas florestas naturais.

Hien sabia que para influenciar as decisões do governo precisava confrontar o sistema político fortemente hierárquico do Vietnã, que controla significativamente províncias e distritos. Ela primeiramente precisaria se relacionar com as autoridades locais e com os líderes das comunidades para conquistar a confiança das pessoas. Estas últimas ajudaram Hien a realizar encontros comunitários para ensinar os moradores sobre os problemas relativos à mudança climática e a importância da preservação das florestas. Nesses encontros, Hien disse aos moradores que o conhecimento e as tradições que eles tinham acumulado por gerações para proteger as florestas podiam agora ser usados para criar recursos para suas famílias. Persuadidos, os moradores concordaram em formar grupos de autogestão – cada unidade com sua entidade legal compreendendo de 15 a 25 administradores. Cada grupo comunitário elegeu um presidente, um quadro de diretores e um quadro de controle e gestão que incluía as lideranças das comunidades. A filiação era voluntária, e qualquer habitante que quisesse participar era convidado a submeter sua candidatura. Em seguida, Hien abordou a agência com o poder de fornecer a propriedade da floresta. Essa autoridade distrital concordou em fornecer a esses grupos locais a autoridade para vigiar o uso da floresta e conferir o volume de madeira retirada. De 2012 a 2015, sete cooperativas na província de Thai Nguyen, incluindo 2.459 administradores, tinham a responsabilidade para a governança de 4,3 mil hectares – uma área equivalente a três quartos de Manhattan.

Com recursos da iniciativa REDD da ONU para ajudar a estabelecer o projeto, Hien ajudou os moradores a adquirir equipamentos de GPS e medidores de carbono. O CERDA então treinou os moradores para ler os mapas, usar um GPS, criar um inventário da floresta e como medir o carbono. Em seguida, as cooperativas desenvolveram um plano para proteger as florestas e começar um processo transparente e inclusivo de alocação de terra para membros cooperados. Por uma tarifa nominal, definida por hectare e paga à cooperativa, os administradores participantes asseguraram acesso a uma área da floresta. Essas pessoas foram então organizadas em equipes e enviadas a incursões regulares floresta adentro, tanto para avaliar o estado das árvores quanto para monitorar e reportar atividades como o corte ilegal de madeira. A partir de um fundo circular para o microcrédito indexado ao montante de madeira e carbono economizados, os aldeões então receberam pagamentos do REDD+ pelos resultados.

Em agosto de 2016, as cooperativas relatavam significativas melhorias no limite das florestas e uma redução na extração ilegal de árvores para exportação e para lenha. "Os aldeões agora dizem que a água retornou, e na floresta muitas novas plantas e animais – incluindo macacos raros – começaram a ressurgir", disse Hien. "Os animais são muito sábios. Eles retornaram às florestas porque sabem que as florestas são seguras. Isso faz com que eu me sinta muito feliz e satisfeita."

O Vietnã está passando por uma grande transição econômica, e aquele nível de mudança fica evidente pela estrada que sai de Hanói rumo às montanhas serrilhadas e aos terraços de arroz em cascata no norte do país. Ao longo das estradas recentemente construídas, velhos lotes de cultivo competem por espaço com enormes plantas de manufatura multinacional, e bicicletas sobrecarregadas com produtos locais parecem diminutas perto de caminhões que transportam minério e bens para exportação. Nos quinze anos seguintes à virada do milênio, o produto interno bruto (PIB) do país cresceu por volta de 575%. Enquanto o Vietnã cresce rapidamente a partir de uma economia tradicional, agrária, em direção a uma que é sustentada pela manufatura de bens modernos, o número de pessoas vivendo na pobreza logo decresceu – a população vive mais e muitas estão desfrutando de uma qualidade de vida melhor do que nunca até então. Porém, apesar do rápido desenvolvimento econômico, as comunidades locais ainda enfrentam desafios de pobreza e exclusão social.

Chegando à comunidade de Phu Thuong, no distrito de Vo Nhai, Hien, uma mulher esbelta, elegantemente vestida, que espalha as luzes de seu sorriso pelo rosto, me apresentou ao gestor do município, aos líderes comunitários e demais membros – havia muitas mulheres presentes. A abordagem de Hien é impressionante: todas as pessoas no salão foram convidadas a falar. O gestor do distrito de Vo Nhai disse estar satisfeito com a boa gestão daquela área de floresta e que precisava que as cooperativas defendessem bem o território. Refletindo sobre a que ponto o projeto do CERDA na comuna de Phu Thuong havia chegado, Hien admitiu estar bastante surpresa pelo progresso. Em setembro de 2016, quase 5 mil hectares de floresta natural, por meio dos cuidados de sete comunidades ao norte e ao centro do Vietnã, estavam protegidos. "Isso ultrapassa minhas expectativas", disse ela. "A floresta agora é controlada conjuntamente pela comunidade, e o uso não sustentável da floresta foi minimizado. O volume de madeira cresceu enquanto as fontes se recuperam, e as comunidades têm uma nova fonte de recursos como pagamento pela proteção de suas florestas."

O trabalho de Hien para tornar aptas equipes de autogestão a cuidar de florestas trouxe consigo uma série de impressionantes ganhos sociais para essa sociedade predominantemente patriarcal e rural. Isso era mais evidente no número de rostos de mulheres sorridentes sentadas no salão da comunidade – particularmente de mulheres indígenas, vindas de pontos mais altos na montanha. Antes do envolvimento do CERDA, mulheres em grupos étnicos minoritários nas áreas altas da planície tinham sido afastadas do manejo da floresta e a elas era negada a propriedade de terras. Contudo, a capacitação de mulheres para participar dos programas florestais do CERDA melhorou fundamentalmente o modo como elas eram vistas nas comunidades. "Uma vez que alcançamos determinado nível para que as mulheres sentissem que podiam participar como iguais, percebi que seria o certo para a comunidade", explicou Hien. Várias mulheres no salão me disseram estar confiantes e seguras de si, que sentiam o mesmo quando estavam com outras moradoras e que agora tinham a coragem de participar das decisões. Uma mulher da cooperativa de Ba Nhat falou de seu senso de propriedade e orgulho e como a cooperativa transformara sua vida: "Quando entrei, eu era muito tímida para falar, mas agora me dou conta de que nós podemos todas tomar parte e dizer o que pensamos que deveria ser feito."

"Você acha que sua filha vai ser tímida no começo, como você?", perguntei a ela por meio de um tradutor.

A resposta da mulher foi imediata e forte: "Não tem como minha filha ser tímida. Ela me vê falando e sabe que as mulheres têm voz."

Ao colocar o povo e as comunidades locais no coração do cuidado com a floresta, Hien deu força para o povo que vive nas próprias linhas de frente da mudança climática. "Quando se trabalha com pessoas vulneráveis e pobres, é preciso acreditar nelas", ela insiste. "Pobreza não é igual à estupidez. Essas pessoas têm seus próprios conhecimentos, suas próprias tecnologias, seus próprios sistemas. Elas não apenas contribuem para as soluções, mas também se beneficiam delas. São essas pessoas que podem proteger e salvar o nosso planeta."

7

MIGRANDO COM DIGNIDADE

Como presidente da Irlanda, tive o privilégio de me encontrar com centenas de milhares de irlandeses em casa e no exterior, e visitar milhares de comunidades e organizações por todo o país. Mas nunca tive que voltar para casa de uma conferência internacional e dizer para o povo da Irlanda que nossa terra em breve ficaria inabitável por causa do assalto da mudança climática.

Foi o que aconteceu com Anote Tong, ex-presidente da República de Kiribati, quando voltou a sua ilha no Pacífico após a conferência do clima em Copenhagen, em dezembro de 2009. Ele teve que dizer ao seu povo que o país estava correndo o risco de ser engolido pelo mar. Kiribati ("quiribás", na língua local), localizada na linha do equador, a meio caminho entre a Austrália e o Havaí, é composta de 33 atóis de corais e ilhas de recifes. Espalhada por uma área do oceano do tamanho do Alasca, as várias ilhas de Kiribati, onde vivem pouco mais de 100 mil pessoas, estão no máximo a pouco mais de seis metros acima do nível do mar. Os últimos modelos climáticos preveem que o derretimento do gelo polar e a expansão térmica do mar podem fazer com que os oceanos subam numa média de trinta a sessenta centímetros em 2100. Há uns vinte anos, por causa de sua posição na linha internacional de data, Kiribati era o primeiro país no mundo a dar as boas-vindas ao novo milênio. Agora, em uma trágico reviravolta do destino, pode se tornar a primeira nação a ser perdida para os efeitos da mudança climática antes do alvorecer do próximo século.

Em resposta a essa ameaça, em 2014, Tong adquiriu 6 mil acres de terra reflorestada na segunda maior ilha do arquipélago de Fiji, Vanua Levu, a mais de 1.600 quilômetros de distância. Cinco anos antes, Maldivas, no Pacífico – também ameaçada pelo nível do mar –, tornou-se o primeiro país a considerar mudar seu Estado soberano ao procurar os governos da Índia e do Sri Lanka como terra potencial. A decisão de Tong de gastar 8 milhões de dólares nas terras de Fiji veio como resposta ao quinto relatório de avaliação do IPCC, que confirmou, em um tom bem incisivo, que pequenas ilhas nos oceanos Pacífico e Índico corriam risco de total aniquilação. "Sistemas costeiros e áreas baixas passariam por cada vez mais impactos, tais como submersão, inundações costeiras e erosões por conta do aumento do nível do mar", apontava o relatório. Em Tarawa Sul, a capital com seus dez quilômetros quadrados, onde vivem aproximadamente 50 mil pessoas, a terra é tão estreita que é possível ficar de pé no meio da ilha e ver o oceano de um lado e a lagoa do outro. No esforço para entregar o relatório, em março de 2014, a República de Kiribati foi invadida por uma série de fortes ressacas que lançou água poluída do mar nas casas das pessoas, destruindo suas frágeis moradias e fazendo os habitantes correrem para locais altos. "Comprar terras proporciona um sentido moral de conforto de que nós temos uma opção", refletiu Tong sobre sua decisão de adquirir terras em outro país como um plano B para seu povo. Era também uma poderosa repreensão à comunidade internacional, que não estava prestando muita atenção ao cenário de aniquilamento de sua nação, acreditava Tong. "A mensagem era curta e grossa: se você acredita ou não, se você vai fazer alguma coisa sobre isso ou não, nosso destino está selado", ele disse. "Em algum momento deste século, a água vai estar mais alta que o ponto mais alto de nossas terras."

∞

No Acordo de Paris, os países concordaram em "conter o crescimento numa média de temperatura global abaixo de 2 °C acima dos níveis de antes da Revolução Industrial e fazer esforços para limitar o aumento da temperatura para 1,5 °C acima dos níveis pré-industriais" para que o mundo possa evitar os piores efeitos da mudança do clima. Mas o crescente aumento de emissões de gases do efeito estufa nas últimas décadas tornara esse objetivo difícil, fazendo com que seja possível um aumento da temperatura global para 3 °C ou 4 °C acima dos níveis pré-industriais neste século – um resultado catastrófico. Na primavera de 2015, cientistas descobriram que quantidades de dióxido de carbono, metano e óxido nitroso de atividades industriais, agrícolas e domésticas tinham alcançado níveis recordes, ultrapassando a barreira das quatrocentas partes por milhão pela primeira vez. Naquele ano, um forte El Niño – uma periódica variação natural na temperatura da superfície do mar – precipitou-se no oceano Pacífico, impactando as temperaturas globais. Mais para o fim de 2016 – o ano mais quente já registrado –, a temperatura global já havia ultrapassado o 1 °C acima dos níveis pré-industriais.

Enquanto os líderes mundiais lutam para reduzir as emissões de carbono, muitos observadores veem Kiribati como o proverbial canário na mina de carvão: um alerta em tempo real de quanto o mar ascendente e as tempestades intensas ameaçam a existência de toda uma nação. Durante uma fala na ONU em setembro de 2016, o líder da Organização Internacional pela Migração (International Organization for Migration –IOM), Bill Lacy Swing, avisou que as mudanças climáticas ameaçam 75 milhões de pessoas em todo o mundo que já vivem apenas um metro ou menos acima do nível do mar – um número impressionante. Em partes da Flórida e da Georgia, nos Estados Unidos, a subida acelerada do mar já está causando frequentes marés de inundação, onde uma maré cheia – conhecida como enchente de verão – pode avançar acima de barreiras feitas pelo homem nas estradas ao redor. Milhões de pessoas vivendo em países em desenvolvimento em baixas atitudes – particularmente aqueles ao longo da costa da Ásia, que não têm esse tipo de barreiras para protegê-los – estão provavelmente prestes a perder suas casas enquanto enchentes e o nível do mar que sobe varrem a região. Em Bangladesh, cientistas preveem que em 2050 pelo menos 55 milhões de pessoas podem perder suas casas e seus lares para o mar. Na África, mais de 25% da população vive a um quilômetro ou menos da costa – 300 milhões de pessoas estão em risco de inundação causada pelo aumento do nível do mar.

Em 2013, um relatório do Banco Mundial, *Turn Down the Heat* [Abaixo o calor], apresentou chocantes detalhes das destruições que os moradores de Kiribati – cujas aldeias costeiras ficarão inabitáveis por não existir a opção de se retirarem para locais mais altos – devem esperar nas décadas vindouras. "O que é o futuro para nós? A realidade é que nós não teremos uma casa", diz Anote Tong. "A projeção do IPCC é de que o nível global do mar subirá por volta de um metro no fim do século. Sei exatamente o que isso significa para nós. Não vai ser no fim do século. Vai ser antes disso." As tendências socioeconômicas de Kiribati – altos níveis de desenvolvimento da população e migração para a capital partindo das ilhas externas – exacerbaram a vulnerabilidade dos atóis, enquanto a pobreza, uma superpopulação e os problemas sanitários começaram a esgotar os recursos hídricos já limitados da ilha. Com a mudança climática na mistura e um significativo aumento do nível do mar, o suplemento de água fresca de Kiribati estará ainda mais ameaçado. Com alarmantes alterações nos padrões do clima, enchentes começaram a virar norma em anos recentes.

Como defensora dos direitos humanos, que sou, lembro-me constantemente de Eleanor Roosevelt e a comissão que redigiu a Declaração Universal dos Direitos Humanos, adotada pela Assembleia Geral das Nações Unidas em 1948. Em observações entregues a ONU em março de 1958, Roosevelt destacou como os direitos humanos começam em lugares pequenos, perto de casa – algo tão pequeno que não pode ser notado em nenhum mapa do mundo. "Se os direitos humanos não fizerem sentido ali", ela disse, "não vão fazer sentido em nenhum outro lugar". Meros setenta anos depois da adoção do que Roosevelt declarou na Carta Magna internacional, essa mulher extraordinária não conseguiria aceitar que a mudança climática induzida pela humanidade causaria tanta devastação a comunidades pobres e ameaçaria a existência de Estados soberanos como a República de Kiribati. "Quando criança, eu costumava visitar uma comunidade em uma ilha a certa distância da minha casa", disse-me Tong. "Mais tarde, ao longo da minha vida, a comunidade começou a desaparecer. Vários anos atrás, a água se espalhou e agora a comunidade não existe mais." Tudo que sobrou da comunidade é uma antiga igreja, visível como uma espécie de protuberância despontando das águas do Pacífico, como uma Atlântida moderna. Em anos recentes, Tong pediu aos moradores para construir uma barreira a fim de proteger o que sobrou dessa igreja, um amargo lembrete do antigo líder comunitário sobre essa corrida contra o tempo.

Tong é um homem esbelto, de descendência chinesa e kiribati, que ostenta um bigode fino e corte de cabelo à escovinha. Nascido em uma das ilhas mais ao exterior de Kiribati, ao sul da pequenina capital, a ilha de Tarawa Sul, Tong escapou da extrema pobreza de sua infância ao ser enviado à Nova Zelândia, aos 6 anos, para frequentar um internato católico. Educado por freiras irlandesas, Tong permaneceu na Nova Zelândia pelo resto de sua infância, e acabou se formando em química pela Universidade de Auckland. Depois de algum tempo trabalhando a serviço do governo de Kiribati em Fiji, Tong voltou para seu país natal nos anos 1970. Em 2003, após uma acirrada disputa política com seu irmão mais velho, Harry, e com uma margem de apenas mil votos, Tong foi eleito presidente do país.

Ótimo pescador, que conhece intimamente os contornos de muitos dos atóis de areia de Kiribati, Tong notou, décadas atrás, que tinha algo de errado com o clima. Ele começou a pesquisar assiduamente a ciência por trás da mudança, levando em consideração os dois lados do debate. "Como acontece com muitas pessoas ao redor do mundo, a controvérsia sobre a ciência trouxe confusão para o debate", ele se lembra.

"Nós ouvimos o que estava sendo previsto, mas ainda tínhamos esperança de que existia uma chance." Porém, em 2007, tudo mudou quando, com quatro anos de presidência, Tong leu o quarto relatório de avaliação do IPCC. "Depois disso, eu realmente comecei a entrar em pânico", disse-me Tong. "Comecei a ler mais detalhes e a analisar o que isso significava – não em termos de ciência, mas para o povo de Kiribati. Eu fiquei com muito medo." Imediatamente, Tong começou a preparar planos de contingência para o fim iminente de sua nação. Contudo, preocupado com a forma com que a notícia poderia ser recebida pelo povo, ele nada disse. "Era um estratagema deliberado da minha parte naquele tempo porque ninguém podia compreender a enormidade do que estava em jogo. Eu soube que nada poderia ser feito para interromper o que está acontecendo. Tudo o que eu acabaria por fazer seria tornar extremamente infeliz o resto da vidas deles."

∞

Em dezembro de 2009, a reunião da cúpula anual sobre mudança climática da ONU, em Copenhagen, estava bem cheia, e foi marcada por cenas de caos e acusações mútuas nos bastidores. Embora Copenhagen tenha produzido os primeiros compromissos conjuntos sobre emissões por grandes economias desenvolvidas, as reduções propostas ficaram muito aquém do que Tong e os líderes de outros países vulneráveis vinham se preparando, com a esperança de manter o aumento das temperaturas globais perto de 1,5 °C neste século. Nos dramáticos últimos minutos, todas as referências ao 1,5 °C no texto do acordo – intermediadas entre a China, a África do Sul, a Índia, o Brasil e os Estados Unidos – foram retiradas, passando por cima de Tong e dos representantes de outros países menores e mais vulneráveis. A mensagem era clara: na luta global para reduzir as emissões do efeito estufa, Kiribati e as outras nações do Pacífico sofreriam com o efeito colateral. Foi um tapa na cara de Tong. Seus colegas presidentes no palco global – líderes de países desenvolvidos que construíram suas economias sobre combustível fóssil – assinaram o decreto de morte de Kiribati.

Foi doloroso testemunhar um grupo de líderes de várias nações menores literalmente expulsos das negociações e deixados de pé sob a neve de dezembro enquanto os mais poderosos do mundo discutiam tarde da noite. Comecei a entender que a luta pela justiça climática tinha de ser centrada não somente ao redor dos indivíduos, mas no nível dos governos também – o conceito de justiça climática precisava ser ampliado para garantir que os Estados menores tenham uma voz e um lugar na mesa de negociações.

Para Tong, a cúpula do clima em Copenhagen foi um banho de água fria. Ele voltou para Kiribati se sentindo rejeitado e furioso. Sabia que, se tinha que salvar o país, precisaria fazer isso sozinho. "Eu estava com muita raiva", recorda. "Agora eu sei que as pessoas podem se tornar extremistas quando não são ouvidas. Depois de Copenhagen, experimentei um profundo sentimento de traição e de inutilidade. Mas sabia que tinha de manter o pensamento no que deveria ser feito. Caso contrário, eu não merecia a liderança." Por semanas, Tong não conseguiu tirar uma imagem da cabeça: a de que seu povo afundaria nas águas do oceano, lutando para subir num bote salva-vidas capitaneado pelas nações desenvolvidas. Em Copenhagen, Tong sentiu-se subestimado pelos líderes de algumas nações desenvolvidas que queriam lhe dar uma lição sobre o perigo de um acordo que previsse qualquer calibragem menor que 2 °C para suas economias. A reprimenda não lhe caiu bem. "Eu disse a eles que qualquer coisa acima de 1,5 °C seria perigoso para nosso futuro como povo. Sou perseguido pela ideia de que, quando chegar a hora, o povo de Kiribati vai ser empurrado para longe quando tentar subir no salva-vidas".

Nas semanas seguintes a Copenhagen, enquanto Tong desenhava planos para o fim de seu país, ele tentava espantar um profundo sentimento de derrota e desamparo. "Então eu tive que dar um passo adiante e dizer que havia encontrado uma solução. Reconheci, para chegar a um acordo, a realidade do que estava acontecendo." Em seguida, Tong pensou numa forma de abordar o tópico com um público cético não apenas em Kiribati, mas também no exterior. "Fui obrigado a mudar o modo como estava falando a respeito da situação. Você não ouve alguém que acusa os outros de estar fazendo a coisa errada. Fiz os outros países se darem conta de que não é um problema só meu, que é problema deles também, gostem ou não. Mesmo assim, ainda levou um bom tempo para eu ser ouvido."

As dignidade de Anote Tong, sua lacônica autoridade e sua força moral deixaram claro que ele não era um presidente qualquer. "A ciência da mudança climática é muito clara. A severidade e a urgência das ameaças podem não ser as mesmas para cada um dos países representados em Copenhagen naquele dia, mas a direção é inquestionavelmente a mesma." Indo além, Tong prometeu que faria tudo que pudesse em nível internacional para salvar seu país, mas se manteria fiel à estratégia que mais bem lhe havia servido melhor até então: contar sua história. Assim como Constance Okollet,

Tong instintivamente reconheceu o poder de dizer a verdade e aceitou falar sobre a enrascada de Kiribati. "Vou contar a minha história para todo mundo que quiser ouvir. Quero enfatizar a dimensão humana, que tinha sido ignorada até agora. Quero falar sobre como há muita preocupação com o futuro dos ursos polares, mas não com o futuro de um povo em um canto do planeta."

Após Copenhagen, a história de Tong catapultaria Kiribati aos holofotes da mídia internacional. Mas a atenção traria críticas da oposição, de líderes cristãos e de alguns habitantes que viam seu destino somente nas mãos de Deus. Alguns cientistas internacionais discordavam dos pronunciamentos de Tong sobre erosão e enchentes, sugerindo que ele tinha propensão a exagerar o papel que os aumentos dos níveis do mar tinham representado até então. Mas a cada ano a lua cheia causava novas ressacas em Kiribati, e a água do mar contaminava a água potável, arruinava as plantações e trazia escassez de alimentos. Tong reconhece que, quanto mais ele fala sobre a mudança climática e no que o futuro reserva para a juventude de Kiribati, mais aquele povo vai querer deixar as ilhas. Para habilitar o futuro desses jovens, ele criou uma gama de programas de treinamento, incluindo enfermaria e carpintaria, para dar à juventude de Kiribati uma saída econômica para quando as ilhas se tornarem inabitáveis. "A migração com dignidade é uma estratégia real", ele disse. "O que há de novo nesse conceito é sua aplicação para a migração induzida pelo clima. Quero que a migração de nosso país seja um processo indolor, talvez mesmo um processo feliz, para aqueles que escolherem partir. Eles vão por mérito. Nós os prepararemos."

Em 2016, depois de três mandatos como presidente e esgotadas as condições de se candidatar à reeleição, Tong deixou o cargo. Ele estava ansioso quanto a renunciar à presidência, mesmo sabendo que, apesar do apoio do novo governo para as medidas de combate à mudança climática, isso não está no topo da lista de prioridades. "É por isso que eu preciso continuar falando com eles. Nós nunca vamos desistir. Não podemos bancar uma desistência. Não importam os obstáculos. Para nós não pode haver desistência."

Tong agora está em diálogo com construtoras do Japão, da Coreia e dos Emirados Árabes Unidos que estão liderando a corrida para criar gigantescas ilhas flutuantes. Ele ainda tem que trabalhar com os assustadores detalhes financeiros e logísticos, mas espera que as ilhas flutuantes artificiais possam oferecer uma opção para Kiribati, se não para esta geração, então para a próxima.

Quando as pessoas estão se afogando, acredita Tong, elas vão se agarrar a qualquer coisa que permanecer flutuando. É por isso que ele vai devotar o resto de sua vida à sisífica tarefa de salvar a nação Kiribati.

"Prefiro me planejar para o pior e esperar pelo melhor", observa.

8

ASSUMINDO A RESPONSABILIDADE

Empresária bem-sucedida, Natalie Isaacs achava que entendia um bocado de mudança climática, pelo menos para sustentar a conversa nas festas que frequentava com o marido nos círculos bem informados de Sydney, Austrália. Mas a gestão de sua empresa de produtos de beleza e para a pele, além da administração da movimentada vida dos quatro filhos, não deixava muito tempo em sua apertada agenda para se envolver em questões ambientais – quanto mais para fazer a pura e simples reciclagem do papel e do lixo plástico descartados em casa.

"Eu podia perfeitamente comentar a mudança climática no jantar, me mostrar horrorizada com o que ocorria e sair dali e continuar do mesmo jeito, como se nada estivesse acontecendo", recorda-se Natalie, com seus belos cabelos ruivos encaracolados e uma voz agradável e cheia de animação. "Eu nem sequer separava o lixo para reciclagem. Era uma total desconexão entre a consciência do que estava acontecendo e o fato de não fazer nada a respeito. Eu costumava pensar: 'E o que pode fazer um indivíduo? Não é um problema que eu possa resolver.' Foi como eu me senti durante muito tempo. A mudança climática global simplesmente não era uma questão pessoal minha."

Em meio à concorrência na competitiva indústria dos produtos de beleza, Natalie gerava muito lixo plástico no trabalho. Nas reuniões com a equipe, sua maior preocupação era encontrar maneiras de superar os concorrentes mais próximos, atraindo consumidores com produtos de beleza lindamente embrulhados, tubos plásticos e maravilhosas embalagens de papel celofane. "Passei a carreira toda tentando tirar os produtos dos outros das prateleiras para colocar os meus", explicou.

Mas em 2006 uma sucessão de fatos aleatórios a obrigou a parar para pensar nas mudanças que ocorriam no mundo ao redor. Naquele ano, Sydney foi atingida por incêndios florestais – dos piores vistos na Austrália em décadas – que chegaram a lamber residências suburbanas, tapando o sol com uma cáustica fumaça negra. Importantes vias de ligação com o norte de Sydney foram fechadas, enquanto milhares de bombeiros tentavam conter o fogo. Incêndios semelhantes haviam ocorrido em Sydney quatro anos antes, mas dessa vez a coisa parecia muito próxima para Natalie, que assistia à ameaça das chamas com crescente alarme da sua casa numa praia no norte da cidade. "Naquele ano, a seca, o calor e os incêndios pareciam piores que nunca", recorda. "E no entanto ficam parecendo quase nada em comparação com a seca e as condições climáticas extremas que enfrentamos agora."

No mesmo ano, Natalie assistiu ao pioneiro documentário *Uma verdade inconveniente*, de Al Gore. Ouvindo-o falar do "imperativo moral" de enfrentar a questão da mudança climática, ela viu, horrorizada, os gráficos por ele mostrados, com alarmantes linhas vermelhas assinalando os índices crescentes de emissões de dióxido de carbono e as correspondentes elevações de temperatura. Nada disso era novidade para o marido de Natalie, Murray, que se especializara em questões ambientais como jornalista e no momento trabalhava como consultor de sustentabilidade, escrevendo também um livro sobre a mudança climática. Litorais em processo de submersão, campos de gelo diminuindo e padrões climáticos em mudança eram o pão de cada dia do seu trabalho. "Às vezes, Murray me pedia que lesse e editasse seu livro", conta ela. "Eu me deparava com muita informação que não era capaz de entender. Lia determinado trecho e perguntava a ele: 'O que significam concretamente três graus de aquecimento?' E de repente comecei a entender, horrorizada."

Naquele verão de 2006, Murray trabalhava para uma organização ambiental que empregava universitários como voluntários num programa de instalação gratuita de lâmpadas elétricas residenciais de baixo consumo de energia. Essa *startup* precisava de assessoria de marketing e vendas, e resolveu pedir ajuda a Natalie. E numa festa em Sydney, para comemorar a instalação da milionésima lâmpada, ela teve uma ideia: "Todas aquelas mensagens que eu vinha recebendo sobre a mudança climática começaram a formar um quadro coerente. Naquele exato momento, resolvi que minha conta de luz tinha de baixar."

No dia seguinte, Natalie tomou a decisão de substituir todas as lâmpadas da sua casa por modelos de consumo de energia mais baixo, além de apagar as luzes sempre que deixasse um compartimento ou saísse de casa. Além disso, tirou da tomada todos os aparelhos elétricos que não estivessem em uso – a máquina de lavar roupa, a televisão e o aparelho de som – e começou a pendurar as roupas do lado de fora, para secarem no calor do verão. Em pouco tempo, o consumo elétrico da família tinha diminuído 20%. Ao receber a conta de luz que chegou depois de tomadas essas medidas de economia, Natalie sentiu um arrepio de empolgação. "Foi quando tive a minha epifania. Minha cabeça mudou definitivamente. Eu me apropriei da questão. Pensei: 'Vou mudar nossa maneira de viver.' Eu queria fazer mais. Queria fazer tudo."

Natalie voltou-se em seguida para a questão do lixo doméstico. Passou a comprar menos produtos de plástico e papel – papel de embrulho, sacos plásticos para congelar gêneros, toalhas de papel – e estabeleceu um cuidadoso regime de reciclagem. Agora comprava mais produtos agrícolas de produção local e menos carne. Evitava alimentos excessivamente acondicionados, criou um espaço de compostagem e comprou um minhocário. Em questão de dois meses, o lixo doméstico diminuíra 80%. Dava uma sensação de querer mais, de poder ousar. "Vendo o resultado de algo que havia feito, eu me sentia estimulada a fazer algo mais, e de novo, e de novo. Estava aprendendo o segredo da vida: menos é mais. Uma enorme sensação de liberdade. Eu me sentia leve."

∞

Condições climáticas extremas se tornaram comuns em toda a Austrália nas últimas décadas; secas, incêndios florestais, enchentes e ondas de calor comprometem a economia de um país com uma das mais altas pegadas de carbono do mundo. Desde a década de 1970, o norte da Austrália se tornou mais úmido; o sul, mais seco; e centenas de milhares de hectares de terra de todo o país foram queimados em violentos incêndios florestais. Em 2016, cientistas trabalhando para o governo australiano publicaram um relatório segundo o qual a temperatura no país se elevara 1 °C desde 1910.[1] Embora possa parecer pouco, é o suficiente, segundo os cientistas, para alterar as médias de referência e desestabilizar o clima, provocando fenômenos ainda mais extremos. Com base em dados colhidos na Tasmânia, em cuja atmosfera são medidos os gases do efeito estufa, o relatório concluía que os índices pluviométricos haviam caído quase 20% em certas regiões. A falta de precipitações levou o caos à produtividade agrícola australiana, deixando muitos agricultores – especialmente no autêntico celeiro que é a bacia do rio Darling – às voltas com mudanças nos padrões climáticos e décadas de persistente seca. No início de 2017, as ondas de calor verificadas em Nova Gales do Sul elevaram as temperaturas acima de 45 °C (113 °F), fazendo temer que tais recordes pudessem se tornar a norma. Três anos antes, em 2014, uma onda de calor obrigara os organizadores a suspender temporariamente o torneio de tênis Australian Open, com o termômetro marcando 44 °C (111,2 °F).

Cerca de 75% do aquecimento oceânico têm ocorrido no hemisfério sul, que de fato está no centro das atenções em matéria de mudança climática. Esses mares aquecidos tiveram um impacto devastador num dos grandes tesouros nacionais da Austrália, a Grande Barreira de Recifes, que se estende por 2.250 quilômetros a nordeste do litoral de Queensland. Sabidamente a maior estrutura viva do planeta, a Grande Barreira de Recifes consiste em 2.900 recifes menores e mais de novecentas ilhas que estão sofrendo branqueamento lentamente nas águas mornas do oceano. Com base

---

[1] "State of the Climate 2016", Departamento de Meteorologia do Governo Australiano, 2017, <www.bom.gov.au/state-of-the-climate/>.

em inspeções aéreas e subaquáticas, os cientistas informaram em 2017 que enormes partes dos recifes – ao longo de centenas de quilômetros – estavam mortas,[2] em consequência do aquecimento das águas. Eles esperavam que uma destruição nesse grau só ocorresse daqui a trinta anos. Mais ao sul, o coala – o marsupial que é um verdadeiro símbolo da Austrália – mais uma vez enfrenta a ameaça de extinção, com a destruição do seu hábitat pela elevação das temperaturas, os períodos de maior seca e os incêndios florestais de grandes proporções. Os ambientalistas advertem que o número de exemplares do adorável animal pode se reduzir drasticamente se o governo não alterar suas políticas de gestão territorial para diminuir os efeitos da mudança climática.

Diante de tanta devastação ocorrendo na ilha continente, caberia supor que a Austrália estivesse na vanguarda das políticas de contenção da poluição causada pelo carbono. Mas o fato é que o país continua profundamente dependente do carvão, cuja queima é a maior fonte de emissões de gases do efeito estufa. Em 2016, a Austrália era o maior exportador de carvão do mundo. No mesmo ano, o governo australiano autorizou o conglomerado Adani, controlado por capitais indianos, a abrir a maior mina de carvão do país. A um custo de 12 bilhões de dólares, a pretendida megamina funcionaria durante sessenta anos, gerando 4,7 bilhões de toneladas de dióxido de carbono nesse período, elevando drasticamente o nível das emissões globais. Em junho de 2017, um grupo de eminentes especialistas em mudanças climáticas e

---

2 Damien Cave e Justin Gillis, "Large Sections of Austra- lia's Great Reef Are Now Dead, Scientists Find", *New York Times*, 15 de março de 2017, <www.nytimes.com/2017/03/15/science/great-barrier-reef-coral-climate--change-dieoff.html?mcubz=1>.

ocenógrafos escreveu ao primeiro-ministro australiano Malcolm Turnbull, exortando-o a rejeitar a proposta da Adani por causa do impacto devastador que teria na Grande Barreira de Corais. Além disso, incontáveis outras propostas de abertura de minas estão sendo estudadas na capital australiana, Camberra. Se tais projetos tiverem êxito, as novas minas mais que duplicarão as exportações australianas de carvão. A Austrália se vê assim ante um dilema faustiano: o florescimento econômico a curto prazo, graças à mineração e à queima de carvão, seu recurso natural mais abundante; ou a preservação de tesouros únicos como a Grande Barreira de Corais com a rejeição dos combustíveis fósseis.

∞

Em 2008, Natalie Isaacs enfrentava o desafio da etapa mais ambiciosa do seu plano de buscar um horizonte sem carbono: livrar-se do seu carro de tração nas quatro rodas e altamente consumidor de gasolina, veículo que havia comprado apenas dois meses antes da epifania da lâmpada elétrica. Morando num subúrbio litorâneo cerca de trinta quilômetros ao norte de Sydney, ela fazia uso constante do carro e nunca recorria aos transportes públicos. "Ir para o centro de ônibus era um horror", explica. "Eu sempre ia de carro. Levei uns dois anos para suportar a ideia de abrir mão do meu carro. Mas quando finalmente comecei a viajar de ônibus vi que não era tão ruim assim. Hoje em dia, usar o transporte público é sempre a primeira coisa que eu penso, não a última."

Dois anos depois de optar por um estilo de vida voltado para a economia energética, Natalie já era capaz de pensar em termos mais amplos. Informando-se sobre os níveis de emissões de gases do efeito estufa nos setores residencial e comercial, ela descobriu que quase 17% eram provenientes de 1,5 bilhão de residências do mundo inteiro. Essas emissões de origem doméstica decorriam da queima de combustíveis fósseis para aquecimento e cozinha, consumo de eletricidade, gestão do lixo e vazamento de refrigeradores em residências e empresas. Só nos Estados Unidos, as residências eram responsáveis por 4% das emissões globais, sendo o país como um todo responsável por 14% dessas emissões. A indústria de vestuário, produtora de roupas e acessórios tão apreciados por Natalie, era a segunda maior poluidora industrial depois da indústria do petróleo, respondendo por 10% das emissões mundiais de carbono.

Empresária, Natalie sabia que as mulheres eram influentes como consumidoras, mas será que também poderiam se tornar poderosos agentes da mudança? Ela não entendia nada de liderança de movimentos, mas não conseguia resistir a um pensamento que ficava rondando sua cabeça: será que não poderia usar o poder das mulheres dentro de casa para combater a mudança climática? "Quem sabe se eu contasse tudo que tinha me acontecido às mulheres do meu círculo de conhecimentos talvez elas quisessem mudar seu modo de vida." Mas quantas mulheres seriam necessárias para fazer realmente a diferença? Mil? Dez mil? Um milhão? Foi quando surgiu a ideia: "Eu me dei conta de que tinha economizado aquele dinheiro todo e ajudado a diminuir a poluição. E pensei: 'Puxa vida, se fui capaz disso apenas tomando um pouco mais de cuidado em casa, imagine se milhões de pessoas fizerem a mesma coisa? O que aconteceria se todos nós cortássemos o consumo de carne pela metade? Ou se diminuíssemos em 20% o uso de energia? Ou se comprássemos 50% menos coisas?' Se cada um se limitar a fazer algo por conta própria, a gente fica se perguntando que diferença vai fazer. Mas se comunidades inteiras fizerem o mesmo – se a população inteira passar a viver de maneira diferente – o sistema muda. Essa coisa de mudar um estilo de vida é muito forte não só porque permite diminuir a poluição, mas também porque nos ajuda a mostrar o que pensamos."

Em 2009, Natalie largou a carreira no mundo dos produtos de beleza e fundou o movimento on-line 1 Milhão de Mulheres (1 Million Women), a fim de estimular as mulheres a diminuir as emissões de dióxido de carbono. Num site muito bem concebido, ela fornecia dicas simples para ajudar as interessadas a diminuir a pegada de carbono em casa. Usando um painel simples disponibilizado pelo site, as integrantes registravam semanalmente suas iniciativas de economia de energia – anotando a frequência com que haviam desligado aparelhos elétricos, comprado produtos locais, reciclado ou pendurado a roupa ao ar livre para secar – e recebiam num mostrador um resumo das suas pegadas pessoais de carbono. A mensagem e o site de Natalie tinham como público específico mulheres abastadas levando uma vida de atividade intensa em cidades e subúrbios de altos índices de consumo. "Se as mulheres e crianças dos países em desenvolvimento são as mais vulneráveis à mudança climática, as mulheres dos países ricos têm muito a contribuir para a solução modificando seu modo de viver", diz ela. "É uma questão de estilo de vida."

Durante algum tempo, Natalie teve dificuldade de dar impulso ao movimento 1 Milhão de Mulheres. O que fora fácil de concretizar dentro de casa mostrou-se de difícil tradução no âmbito de um público mais amplo. Motivar uma mudança de comportamento numa sociedade de altos índices de consumo como a australiana era mais difícil do que parecia à primeira vista. "Pensei que, se eu contasse tudo que tinha me acontecido às mulheres do meu círculo pessoal, todo mundo iria querer mudar sua maneira de viver", explica ela. "Mas não foi bem assim. Achei que teríamos um milhão de mulheres em seis meses, mas levou muito tempo, pois mudar comportamentos é a coisa mais difícil: parece que as pessoas se negam a ver o que está acontecendo."

Enquanto Natalie batalhava para passar a mensagem, muitas mulheres se queixavam de não ter condição de encaixar mais uma obrigação numa vida já muito agitada. Tendo evoluído em pouco tempo da simples economia doméstica de energia para o lançamento de um movimento mundial, Natalie não aceitava essa crítica. "Eu achava que todo mundo devia sentir o mesmo entusiasmo que eu", diz. "Mas agora entendo que as pessoas encaram os cuidados com o ambiente como uma atividade acessória. Algo separado da nossa maneira de viver. E, se você acha que é algo separado, claro que vai achar difícil encaixar."

Natalie começou então a tratar separadamente, uma a uma, as mudanças que as integrantes do 1 Milhão de Mulheres achavam mais difíceis de enfrentar, adequando o website a essas necessidades. "É isso que importa no 1 Milhão de Mulheres. Ninguém é perfeito. O objetivo não é fazer ninguém se sentir culpado. O que interessa é fazer cada um sentir que estamos juntos nessa, todo mundo tentando fazer o melhor. Não dá para simplesmente arrancar os cabelos ante os efeitos da mudança climática. É preciso simplesmente começar, fazer uma coisa, que por sua vez leva a outra, e de repente você se dá conta de que está vivendo de outra maneira."

Como as integrantes do 1 Milhão de Mulheres, eu me esforço para diminuir minha pegada de carbono, passo a passo, uma por vez. Tenho consciência de que as viagens aéreas, fundamentais para o sucesso da nossa agenda de justiça climática, têm uma pesada pegada de carbono. Uso papel demais, tanto no escritório quanto em casa. Ao contrário da minha filha menor, Aubrey, não sou vegana. Aos poucos, vou me esforçando para me tornar vegetariana, comendo menos carne. Hoje em dia avalio se posso participar de determinada reunião por conferência de vídeo, não pessoalmente. Minha fundação atenua minha pegada de carbono medindo a quantidade de emissões de gases do efeito estufa pela qual sou responsável com minhas viagens aéreas e compensando-as com doações anuais para uma organização voltada para a questão da mudança climática.

Exatamente como Natalie Isaacs e as centenas de milhares de integrantes do 1 Milhão de Mulheres, vou aprendendo à medida que avanço. Mas empreendendo essa jornada para reduzir nossa pegada de carbono, participamos de um movimento global com reais chances de promover a mudança. Diante da enormidade do problema da mudança climática, é fácil se render e admitir derrota. Mas o empoderamento individual leva à confiança. "É muito mais fácil não fazer nada, mas precisamos superar isso no caso da mudança climática", diz Natalie. "Simplesmente tocar o barco e fazer alguma coisa. No 1 Milhão de Mulheres nos empenhamos em incumbir cada uma das coisas que estejam ao seu alcance com resultados muito tangíveis. Não importa o que seja. Fazer alguma coisa, ver o resultado e assim ser levada a algo mais."

Em meados de 2017, o movimento de Natalie já abarcava mais de 600 mil pessoas em todo o mundo; entre elas um pequeno percentual de homens, e continua crescendo. Como muitos integrantes agora podem acessar o site pelo celular, Natalie está criando um novo aplicativo para checar não apenas a eficiência de cada membro na redução da própria pegada de carbono, mas também de todos os integrantes globalmente. Com um simples gesto, os membros poderão ver quanta poluição a comunidade do 1 Milhão de Mulheres economizou em determinado dia, em qualquer lugar do mundo. Existem planos para a criação de uma moeda vinculada à poluição de carbono que o 1 Milhão de Mulheres economiza – um carbono da boa vontade –, a ser encaminhada a mulheres dos países em desenvolvimento. "Queremos enfatizar que nossos atos individuais no cotidiano servem de apoio a nossas irmãs que neste exato momento sentem os efeitos da mudança climática em algum ponto do planeta", explica Natalie.

Ao dar início a sua jornada pela justiça climática, Natalie buscava inspiração, mantendo sempre no horizonte o destino dos quatro filhos e do neto. Entretanto, como os incêndios florestais continuam devastando a Austrália, e o governo mantém a dependência ao carvão, ela acabou revendo seus planos de longo prazo. "Não se trata mais dos filhos dos meus filhos apenas. Somos nós que estamos em questão. A coisa está acontecendo agora. Há países sendo tragados pelas águas, e no entanto nenhuma nação leva o assunto realmente a sério." Por isto Natalie continua empenhada em seu movimento de alcance mundial para permitir que mulheres de todos os quadrantes usem seu modo de vida como ferramenta de ação ante a mudança climática – exercendo influência por meio de cada dólar que gastam, cada escolha de estilo de vida. A maneira como conduzimos nossa vida cotidiana tem toda importância, e os menores gestos multiplicados milhões de vezes podem mudar o sistema.

"Sou uma eterna otimista. Sei que não temos muito tempo na corrida contra a mudança climática, mas a humanidade é perfeitamente capaz de se mostrar à altura", diz Natalie. "Se um milhão de pessoas fizerem um pequeno gesto que realmente importe, poderão mudar o mundo. Não é necessária nenhuma política governamental para promover uma mudança de estilo de vida. Precisamos apenas continuar lutando. Uma pessoa de cada vez é literalmente do que precisamos."

9

NÃO DEIXAR NINGUÉM PARA TRÁS

No fim de abril de 2013, grupos de homens vestindo macacões da Marinha e capacetes entraram nos apertados elevadores de uma mina na província de Nova Brunswick, no leste do Canadá, e desceram as entranhas da Terra pela última vez. Entre eles estava Ken Smith, que passara os últimos 33 anos na mina de Brunswick, numa série de funções que iam de perfurador de diamantes a operador de guindaste e mecânico de equipamentos pesados. Nascido em 1961, com um sorriso cativante e os cabelos já grisalhos, Ken tinha apenas 19 anos quando começou a trabalhar na mina de chumbo, zinco e cobre. Durante quase cinquenta anos, Brunswick fora uma das maiores e mais lucrativas minas do mundo, empregando mais de 7 mil pessoas e sustentando a comunidade de Bathurst.[1] Agora, iniciada a contagem regressiva para o fechamento, Smith e 1.500 outros mineiros estavam diante da certeza da perda de seus empregos, contemplando um horizonte de precariedade.

---

1 Robert Jones, "Brunswick Mine Closes Bathurst-Area Operation", *CBC News*, 1º mai. 2013, <www.cbc.ca/news/canada/new-brunswick/brunswick-mine-closes-bathurst-area-operation-1.1335287>.

Líder sindical acostumado aos debates da gestão, Ken Smith sabia havia muitos anos da probabilidade de que a mina de Brunswick viesse a ser fechada. O encolhimento do mercado global do zinco levara a Xstrata Zinc a anunciar em 2006 que a mina provavelmente seria fechada no fim da década. Como representante sindical, Ken sabia que teria de recorrer a todos os meios possíveis para impedir ou postergar o fechamento. Seu sindicato imediatamente negociou uma extensão do prazo com a direção da Xstrata, acordo que, revisto em 2009, assegurou uma tábua de salvação de cinco anos para os mineiros e suas famílias. Assistindo, no entanto, ao fechamento de outra mina próxima, Ken sabia instintivamente que os dias estavam contados em Brunswick. Ao mesmo tempo que tentava manter a chama da esperança, ele voltou sua atenção para uma realidade mais deprimente: preparar-se para o fechamento enquanto desenvolvia um plano B de "transição", a fim de ajudar aqueles trabalhadores que haviam passado a vida debaixo da terra a se posicionar em novas profissões. "Em 2009, estávamos completamente voltados para a transição dos nossos trabalhadores, ao mesmo tempo tentando manter a mina aberta", conta Ken. "Eram duas perspectivas: estávamos nos preparando para o pior, e, se o pior não acontecesse, ótimo. Mas, se acontecesse, e se a mina fosse fechada, pelo menos estaríamos preparados."

Para começo de conversa, Ken e seus colegas negociaram termos no acordo que contemplavam centenas de milhares de dólares do governo e da empresa para desenvolver um plano de transição e montar um centro de transição; o objetivo era apoiar os trabalhadores que fossem demitidos, ajudá-los no treinamento de novas capacitações e gerar empregos na região de Bathurst. Com esse dinheiro, Ken promoveu feiras de empregos com quase uma centena de empresas interessadas na capacitação dos mineiros de Brunswick. No caso dos que haviam passado a vida inteira trabalhando em Brunswick ou não haviam alcançado a educação secundária, o sindicato forneceu apoio e treinamento no preparo de currículos profissionais. Como não havia no Canadá certificação para o exercício da profissão de mineiro, Ken e os colegas do sindicato – contando com o apoio de uma poderosa confederação sindical internacional – passaram a exercer pressão em todos os níveis do governo. Essa ação levou à criação de um programa nacional de reconhecimento e certificação das capacidades e competências dos mineiros. "Foi uma enorme vitória", lembra Ken. "Conseguimos que nossa capacitação fosse reconhecida e documentada, o que nos permitiria ser empregados por outras empresas no Canadá."

Aproximando-se o prazo final para o fechamento da mina, Ken e os companheiros do sindicato tinham a sensação de ter feito o possível para proteger os mineiros que perderiam o emprego. Convencido de ter contemplado todas as possibilidades, o sindicato proporcionou até atendimento de saúde mental para os que sentissem necessidade de apoio emocional. "Providenciamos a visita de psicólogos para atender os mineiros", recorda-se ele. "Uma das psicólogas me disse que eu sentiria falta dessa parte da minha vida quando a mina fosse fechada; que o fato de ser um mineiro era parte integrante daquilo que eu era." Ken não lhe deu muito crédito, achando que ela ia longe demais. Na sua visão, sua identidade significava muito mais que uma vida na mina.

Porém, quando os últimos depósitos de minério foram trazidos à superfície, no dia 30 de abril de 2013, e as chaminés das caldeiras se calaram definitivamente, Ken entendeu que havia subestimado o que a perda de Brunswick significaria para ele e a comunidade. Apesar de todo o empenho para garantir que nenhum mineiro ficasse desprotegido, os novos empregos e as oportunidades financeiras que Ken esperara gerar em Bathurst não se materializaram. Pelo contrário, os índices de desemprego na cidade dispararam e as muitas pequenas empresas que dependiam da mina entraram em colapso. "Hoje Bathurst é uma cidade-fantasma", diz Ken. "Cinco anos atrás, a rua principal à noite era cheia de vida. Agora a gente vê muito poucos carros na rua. Achei que teríamos excelentes resultados trazendo empresas e mantendo um centro de transição para ajudar as pessoas a encontrar trabalho. Mas no fim das contas ficou faltando essa pecinha financeira no quebra-cabeça."

Dias depois do fechamento, Ken Smith e a mulher fecharam a casa onde tinham vivido mais de trinta anos e se juntaram ao êxodo em direção ao oeste, percorrendo de carro quase 5 mil quilômetros até a próspera cidade de Fort McMurray, onde ficam as areias betuminosas[2] da região norte de Alberta. Ken teve sorte: passou a ganhar o dobro do que ganhava em Bathurst em seu novo emprego como mecânico de equipamentos pesados. Mas o fato de ter deixado a cidade e a casa onde havia passado a vida inteira foi uma revolução na cabeça de um homem que vivera décadas em função da

---

2 Em inglês *oil sands* ou *tar sands*, as areias betuminosas são enormes regiões no Canadá onde há o depósito de betume, uma forma semissólida de petróleo cru. Em razão dessa especificidade geológica, o país possui uma das maiores reservas petrolíferas do mundo, no entanto, diferente de países como a Arábia Saudita, a extração do óleo das areias betuminosas envolve custos ambientais altíssimos. [*N. da E.*]

mina local. "A psicóloga tinha razão, e eu é que estava errado", reconhece ele. "Quando a mina de Brunswick foi fechada, me dei conta de que uma parte importante da minha identidade tinha sido tomada de mim."

∞

Em muitos países, quando alguém liga a televisão, acende a luz ou conecta o celular, com quase toda certeza estará usando eletricidade gerada por uma usina movida a carvão, gás ou petróleo. Contudo, como fica evidente pela irregularidade dos nossos padrões climáticos e de tempo, a dependência aos combustíveis fósseis na geração de eletricidade é perigosamente insustentável. Setenta e cinco por cento das emissões de gases do efeito estufa derivam da queima de combustíveis fósseis e do metano liberado na sua extração. Para estabilizar nosso clima – e salvar o planeta –, teremos de reduzir drasticamente a dependência aos combustíveis fósseis, elevando maciçamente os investimentos em fontes de energia renovável: eólica, solar, hidrelétricas de pequenas dimensões, geotermia e bioenergias de baixa emissão. Esses investimentos gerarão milhões de empregos e oportunidades no mundo inteiro. As energias renováveis já empregam mais de três quartos de milhão de estadunidenses,[3] e os empregos nas indústrias solares e eólicas crescem doze vezes mais rápido que os do resto da economia nos Estados Unidos. Globalmente, cerca de 10 milhões de pessoas estão empregadas em setores

---

[3] Nadja Popovich, "Today's Energy Jobs Are in Solar, Not Coal", *New York Times*, 25 de abril de 2017, <www.nytimes.com/interactive/2017/04/25/climate/todays-energy-jobs-are-in-solar-not-coal.html?mcubz=1&_r=0>.

de energia renovável, mais da metade delas na Ásia.[4] No início de janeiro de 2017, durante o governo de Barack Obama, o Departamento de Energia divulgou um relatório[5] segundo o qual em 2016 a energia solar empregava nos Estados Unidos muito mais estadunidenses que o carvão, ao passo que a energia eólica respondia por mais de 100 mil empregos. Dados divulgados em 2014 mostravam que nesse ano o carvão empregava quase 77 mil pessoas nos Estados Unidos, número que vem diminuindo desde então. Na Europa, os empregos nos setores de energia renovável já são mais numerosos que os das indústrias do carvão. Nos Estados Unidos, a energia solar emprega atualmente mais que o petróleo, o carvão e o gás somados. Um estudo realizado em 2017 pela Agência Internacional de Energia Renovável (International Renewable Energy Agency – IRENA)[6] demonstrou que os investimentos em energias renováveis e eficiência energética acrescentariam quase 1% ao PIB global até 2050 – um acréscimo de 19 trilhões de dólares, para não falar dos milhões de empregos a serem criados. Os fatos são incontornáveis: a revolução renovável já está em andamento, e é economicamente eficaz e potencialmente mais inclusiva.

---

4 Anmar Frangoul, "9.8 Million People Employed by Renewable Energy, According to New Report", *CNBC*, 24 mai. 2017, <www.cnbc.com/2017/05/24/9--point-8-million-people-employed-by-renewable-energy-according-to-new--report.html>.

5 "2017 U.S. Energy and Employment Report", Departamento de Energia, jan. 2017, <www.energy.gov/downloads/2017-us-energy-and-employment--report>.

6 "Renewable Energy and Jobs–Annual Review 2017", Agência Internacional de Energia Renovável, mai. 2017, <www.irena.org/menu/index.aspx?mnu=Subcat&PriMenuID=36&CatID=141&SubcatID=3852>.

Mas à medida que fazemos a transição para uma energia mais limpa, não podemos esquecer os milhões de trabalhadores em combustíveis fósseis do mundo todo que passaram a vida extraindo o combustível que alimentou nossa economia. Eles também são vítimas da mudança climática e merecem ser tratados com dignidade. Sua história faz parte da luta pela justiça climática. Outros trabalhadores das indústrias de uso intensivo de energia – aço, ferro, alumínio, geração de força e transportes rodoviários – também serão afetados pela redução e eliminação do carbono. Embora a evolução para energias limpas crie novas funções e oportunidades financeiras, não será possível substituir todos os empregos perdidos quando a indústria dos combustíveis fósseis finalmente perder a força. Já assistimos a essa tendência nas regiões de mineração de carvão dos Estados Unidos – Appalachia e a bacia de Powder River, em Wyoming e Montana – nas quais a evolução dos mercados, a abundância de gás natural barato e novas regulamentações relativas às mudanças climáticas tornaram o carvão menos atraente. Entre os muitos eleitores que se manifestaram a favor de Donald Trump na eleição presidencial de novembro de 2016 estavam trabalhadores das minas de carvão condenadas da Virgínia Ocidental e do Wyoming que se sentiam vítimas de uma suposta "guerra ao carvão" empreendida pelo presidente Obama e das iniciativas em favor das energias renováveis. Seduzidos por um candidato em cuja campanha o carvão ocupava posição central, eles proclamaram bem alto nas urnas a sua insegurança econômica, recusando-se a aceitar como destino o lixo da história, ante a sombrias perspectivas da sua indústria.

O movimento conhecido como Transição Justa (Just Transition) tem como objetivo precisamente assegurar que os trabalhadores e comunidades ligados aos combustíveis fósseis não fiquem para trás na mudança para as energias mais limpas. É uma abordagem centrada na pessoa, sustentando que os trabalhadores devem poder contar com garantias salariais e benefícios, uma renda de apoio e acesso a serviços de saúde no processo de mudança do setor dos combustíveis fósseis para o das energias limpas e outros. Mas, sobretudo, significa cuidar de comunidades como Bathurst e Nova Brunswick, cuja existência se deve à indústria da mineração. Lançado pelo falecido líder trabalhista estadunidense Tony Mazzocchi, o movimento Transição Justa teve início na década de 1970, no auge do movimento contra as armas nucleares, quando Mazzocchi, na época à frente do Sindicato de Trabalhadores das Indústrias de Petróleo, Química e Atômica, reconheceu que o desarmamento causaria uma perda maciça de empregos no setor atômico. Beneficiário da lei de 1944 conhecida como GI Bill, que teve enorme êxito na estabilização da economia dos Estados Unidos após a Segunda Guerra Mundial, fornecendo assistência aos veteranos da Segunda Guerra, Mazzocchi argumentava que também devia ser fornecido um auxílio federal aos trabalhadores do setor atômico para facilitar sua transição da indústria nuclear para outras. Décadas mais tarde, quando ficou claro que o aquecimento do planeta era causado pelas emissões de combustíveis fósseis, Mazzocchi propôs um "superfundo" para os trabalhadores prejudicados pelas políticas de proteção ambiental: "Pagar a alguém para fazer a transição de um tipo de economia para outro, de um tipo de emprego para outro, não é assistência social." Segundo ele, os trabalhadores dos setores de combustíveis fósseis que tinham ajudado a sustentar a economia mundial mereciam "uma mão amiga para começar de novo na vida".

Ajudar os trabalhadores dos combustíveis fósseis que foram dispensados a encontrar trabalho é hoje em dia a missão de Sharan Burrow, que lidera, na condição de diretora da Confederação Sindical Internacional (International Trade Union Confederation – ITUC), o movimento global por uma Transição Justa para um mundo descarbonizado. Com admirável ausência de pose ou artifícios, Sharan se mostra igualmente à vontade com um mineiro da sua Austrália natal e com a chanceler da Alemanha. Também tem profunda consciência de que suas decisões afetarão a vida de dezenas de milhões de pessoas comuns, entre os 181 milhões de trabalhadores representados pela ITUC em todo o mundo.

Como a maioria dos trabalhadores que integram a ITUC, Sharan cresceu numa família de operários. Primeira mulher da família a frequentar uma universidade, ela começou sua carreira como professora de história e inglês numa escola secundária de Nova Gales do Sul. Membro da quarta geração de uma orgulhosa família de trabalhadores sindicalizados (seu trisavô se destacou na greve dos tosquiadores de gado australianos da década de 1890), Sharan não poderia deixar de aderir à seção local do sindicato. Entre as salas de aula e as reuniões sindicais, contra o pano de fundo da guerra do Vietnã e da luta contra o apartheid, ela não pôde resistir ao chamado da militância. "A década de 1970 foi uma época movimentada para uma jovem como eu", diz. "Não me dava conta naquele momento, mas aqueles anos me ensinaram que, embora pudéssemos estar enfrentando lutas locais, o contexto, a estrutura das políticas de direitos humanos e justiça é internacional. E hoje aplico esse mesmo princípio na missão da Transição Justa."

Sharan pretendia seguir na carreira docente, mas em 1986 foi convidada pela federação dos professores de Nova Gales do Sul a trocar temporariamente a sala de aula por uma função numa organização de assistência. Apesar da perspectiva de prontamente retornar ao ensino, esse emprego temporário logo a levaria a ser promovida a vice-presidente sênior do sindicato do seu estado. Em 1992, ela foi nomeada presidente do Sindicato Australiano da Educação, e em 2000 chegou à presidência do Conselho Australiano de Sindicatos. A cada uma dessas etapas, Sharan punha em prática os princípios de justiça social que cultivara como professora. "O magistério", explicou certa vez, "me ensinou a humildade, mostrando as desigualdades deste nosso mundo."

Hoje Sharan percorre o mundo para exortar os governos a permitir que os sindicatos e os trabalhadores tomem a frente no movimento global da Transição Justa para integrar sua voz ao processo de substituição da indústria dos combustíveis fósseis. Ela tem trabalhado no sentido de convencer as empresas da necessidade ao mesmo tempo de uma transição justa e de uma abordagem das ações climáticas do ponto de vista da justiça climática. Sharan e eu somos membros honorários de um grupo de líderes empresariais conhecido como Sistema B.[7] Em janeiro de 2015, no Fórum Econômico Mundial de Davos, na Suíça, os integrantes do Sistema B se comprometeram a chegar até 2050 a nível zero de emissões de gases do efeito estufa em suas empresas e cadeias de for-

---

[7] "Richard Branson's Big Idea for Building a Better Version of Capitalism", *Economist*, 6 out. 2012, <www.economist.com/node/21564197>.

necimento. Agora o Sistema B teve a adesão de Christiana Figueres e passou a apoiar a sua Missão 2020, com o objetivo de inverter a tendência dos devastadores impactos das emissões de carbono até 2020.[8]

Sharan nunca perde o foco. "Para nós, uma transição justa significa que trabalhadores e sindicatos – de todos os níveis – estejam envolvidos na gestão das etapas, nas negociações industriais e no planejamento da maciça transformação industrial que precisa ser efetuada", diz. "É necessário que haja um planejamento nos lugares mais vulneráveis, onde houver encerramento da produção de combustíveis fósseis, fechamento de minas, unidades funcionando a carvão e manufaturas." Ela lembra o caso da cidade de Port Augusta, no sul da Austrália, onde os trabalhadores dispensados da usina de carvão tomaram a frente do planejamento do próprio futuro, depois do fechamento, em 2016, das usinas de energia movidas a carvão que sustentavam essa comunidade numa área desértica. Sabendo que as usinas estavam com os dias contados, cinco anos antes do fechamento, os cidadãos, a

---

8 A campanha Missão 2020 surgiu em 2017, quando organizações líderes de análise do clima se reuniram para pensar em estratégias a fim de efetivar o Acordo de Paris. A partir de seis marcos (energia, transporte, uso da terra, indústria, infraestrutura e finanças) foram traçados objetivos a serem cumpridos até 2020, de modo que a curva global de emissões de gases de efeito estufa pudesse ser revertida. A ação, porém, não se mostrou consistente com as metas definidas no acordo. Segundo o VI Relatório do IPCC (2021), a temperatura global aumentará de 1,5 ºC a 2 ºC nas próximas décadas se não houver forte redução das emissões de carbono e outros gases. Para reverter o quadro, é preciso reduzir essas emissões em 50% até o final de 2030 e retirar grandes quantidades de carbono da atmosfera. Os esforços dos Estados para enfrentar a mudança climática estão muito aquém do necessário para evitar impactos mais devastadores aos ecossistemas e à humanidade. [*N. da E.*]

municipalidade, as empresas e os trabalhadores e seu sindicato se uniram para traçar um plano. Embora o fechamento fosse antecipado, foi alcançado o objetivo de substituir as usinas condenadas por uma usina térmica solar que vai criar 1.800 empregos e evitar 5 milhões de toneladas de emissões de gases do efeito estufa. O plano[9] se baseou em pesquisas que evidenciaram que uma usina térmica solar era a melhor solução, ao mesmo tempo para gerar energia limpa e assegurar a necessária recapacitação dos trabalhadores da extinta usina a carvão. Em agosto de 2017, a aliança entre os trabalhadores e a comunidade declarou vitória, quando Camberra e o governo estadual aprovaram a instalação da usina solar, que será a maior do gênero em todo o mundo. Essa unidade de 150 megawatts começará a funcionar em 2018, passando a fornecer energia à rede elétrica em 2020. Port Augusta é um exemplo de como uma comunidade, seus trabalhadores e sindicatos podem tomar a iniciativa e evitar a catástrofe que se abateu sobre outras cidades dependentes da indústria de combustíveis fósseis. "Infelizmente são muitas as comunidades que encolheram ou em certos lugares morreram", diz Sharan. "Muitas vezes o impacto é devastador até mesmo na população que não está diretamente ligada ao trabalho nessas usinas. Precisamos avançar rapidamente para um futuro de carbono zero. A questão é saber se podemos fazê-lo de uma maneira justa ou não."

∞

Nos meses que se seguiram ao fechamento da mina de Brunswick, a convicção de Ken Smith e seus colegas de que

---

[9] Repower Port Augusta, <www.repowerportaugusta.org>.

tinham feito um "excelente trabalho" no planejamento de uma transição justa rapidamente diminuiu. Embora alguns dos trabalhadores dispensados tenham encontrado, como Ken, empregos bem remunerados nos setores de minas e energia em cidades e campos de mineração no Canadá e no exterior, muitos ficaram para trás, e os índices de desemprego em Bathurst dispararam. Privadas da segurança da mina, dezenas de pequenas empresas que vendiam equipamentos mecânicos, porcas, parafusos e peças de caminhão para a Xstrata faliram e fecharam. "A mina era o foco de vida da comunidade", explica Ken. "A transição era uma iniciativa inovadora, mas, ainda assim, ficamos aquém do esperado. Não fomos capazes de reconhecer que a mudança não era viável para muitos irmãos e irmãs. Não entendemos que isso afetaria terrivelmente nossa comunidade."

Embora muitas comunidades de mineração do norte do Canadá contem predominantemente com uma força de trabalho itinerante, a mina de Brunswick empregava trabalhadores locais, em sua maioria pescadores que ficaram desempregados com o declínio da indústria pesqueira de Nova Brunswick na década de 1960. Os vínculos familiares e emocionais desses moradores de terceira e quarta geração os impediam de deixar Bathurst. "Alguns dos nossos mineiros não tinham como se afastar, por terem pais idosos precisando de cuidados, parentes com necessidades especiais ou simplesmente pelo apego ao lugar onde haviam passado a vida inteira", comenta Ken. "Agora estão desempregados, sobrevivendo de bicos ou graças ao seguro-desemprego. Outros dependem completamente da assistência social. São pessoas que trabalharam durante trinta ou quarenta anos na indústria da mineração e agora se veem nessa situação."

Para aqueles que, como Ken, encontraram trabalho nas areias betuminosas de Alberta ou em minas mais ao norte, o cotidiano ficou gravemente transtornado com o estresse da longa viagem de ida e volta para o trabalho, percorrendo milhares de quilômetros para cumprir exaustivamente três ou quatro turnos semanais. Embora em certos casos os salários sejam três ou quatro vezes maiores que os que ganhavam na sua região de origem, muitos casamentos desmoronaram por causa da tensão da separação. Ken se considera uma pessoa de sorte porque sua mulher, com quem está casado há mais de trinta anos, decidiu em cima da hora se mudar com ele para Fort McMurray – decisão difícil para o casal, que teve de se afastar, assim, da querida irmã dela, que tem necessidades especiais. Ken afirma categoricamente que, se a mulher não o tivesse acompanhado, ele não teria aguentado mais de dois meses nas areias betuminosas. "Foi muito difícil deixar Bathurst. Estou com 56 anos, longe de casa pela primeira vez na vida. Acredite ou não, nós, que somos mais velhos, também sentimos saudades de casa."

Para enfrentar a sensação de estar longe das origens, Ken passou a se envolver na organização sindical em Fort McMurray. Durante o dia, trabalhava nos enormes caminhões basculantes circulando pela área e as instalações das areias betuminosas. No resto do tempo, como presidente da seção sindical Unifor Local 707A, defendia os interesses dos 3.500 trabalhadores da Suncor Energy, seus colegas nas areias. Em dezembro de 2015, o fato de estar nessa função levou a um convite para participar da reunião de cúpula da ONU sobre o clima em Paris, como delegado sindical. Assistindo a uma mesa-redonda sobre a criação de empregos em setores de energia limpa, ele não gostou nada de ver que os trabalhadores dos combustíveis fósseis eram acusados de negacionismo na questão da mudança climática, de ouvir participantes dizerem que trabalhadores em areias betuminosas como ele eram tão tóxicos quanto os gases do efeito estufa que envenenam a atmosfera. "Nunca fui um militante ambientalista ou coisa do gênero", diz Ken. "Sou apenas um sujeito que vai trabalhar todo dia. Mas também aceito a ciência, pois as pessoas que conhecem o assunto estão dizendo que a mudança climática é muito real e concreta. Quando eu era pequeno, o inverno chegava mais cedo, a neve era mais espessa e ficava mais tempo no chão. Houve realmente um gradual aquecimento nesses meus cinquenta anos. Eu não brigo com os fatos."

Aproveitando a oportunidade de um momento de perguntas e respostas, Ken se levantou e pegou o microfone, apresentando-se como trabalhador do setor de combustíveis fósseis. Muitos trabalhadores tinham mudado de atitude na sua indústria, disse; eles "entendem" que a mudança climática é real. Mas o negócio, prosseguiu, era assegurar que trabalhadores como ele e suas famílias não fossem deixados para trás na transição para a energia limpa. "[Os trabalhadores do setor de combustíveis fósseis] esperam que estejamos assistindo ao fim dos combustíveis fósseis para o bem de todo mundo", continuou Ken. "Mas como vamos sustentar a família? Precisamos que uma transição seja organizada. Nós saímos em campo, investimos nessa indústria, e quando ela acaba ficamos a ver navios."

A fala sincera e corajosa de Ken foi aplaudida de pé, o que ainda hoje lhe arranca um sorriso. "Completei apenas o ensino médio e sou meio rude. Sempre fico espantado quando alguém quer ouvir a minha opinião." O fato de um trabalhador do setor de combustíveis fósseis desejar o fim da própria indústria foi notícia internacional, projetando Ken no inesperado papel de herói da mudança climática. Mas, para ele, seu pronunciamento em Paris foi apenas uma questão de bom senso: na posição de alguém que já sabe por experiência o que acontece quando uma indústria fecha, Ken acha que tem uma contribuição bem concreta a dar no debate sobre o que virá depois. Gostaria apenas de ser mais ouvido pelos que estão nos escalões superiores do governo e das políticas sobre a mudança climática. "Eu era um mineiro com 33 anos de experiência quando a mina fechou; era o presidente do sindicato, tinha de cuidar dos membros. Membros que eram meus irmãos e irmãs sindicais, meus amigos, meus companheiros, colegas de escola – eram muito mais que simples colegas de trabalho, e estavam muito mais interessados em manter seus empregos do que na 'transição'. Agora sou de novo presidente do sindicato, numa indústria que é a única fonte de riqueza da cidade. Numa comunidade afastada que depende das areias betuminosas para sobreviver. Mais uma vez estamos falando de transição, mas agora a conversa vai um pouco mais longe, na direção de uma transição justa, para saber o que isso significa. Temos de olhar para o passado, ver onde foi que agimos bem e onde deixamos a desejar. Temos tempo para acertar as coisas, mas não poderemos falhar."

Para Ken – e Sharan Burrow –, acertar significa que o governo entre em parceria com os trabalhadores de setores nos quais os empregos estão em risco. Os trabalhadores dos combustíveis fósseis não oporão resistência à mudança, acredita Ken, se a transição não for feita num clima de medo. Ele sabe que o entendimento é importante pelas conversas que teve com os colegas de Fort McMurray, gente como ele que chegou às areias betuminosas vindo de outras indústrias falidas. "Todos chegaram a Fort McMurray porque não queriam acabar dependendo da assistência social", explica. "Queriam algo melhor, que seus filhos tivessem oportunidades, queriam ser capazes de lhes prover o necessário. Sei que esse pessoal não vai resistir às mudanças se souber que suas famílias estarão protegidas. É assim que se formam parcerias na força de trabalho. A preparação é muito melhor do que a resistência. A gente sabe que a maré está vindo. Vamos então nos preparar para o próximo emprego."

"Ele vale ouro", diz Sharan Burrow, referindo-se a Ken Smith. Gente como Ken é o que Sharan tinha em mente ao lutar incansavelmente com outros líderes para afinal conseguir que uma referência à Transição Justa fosse incluída no Acordo de Paris. Agora ela tenta aplicar uma "estratégia de transição justa" nos níveis nacional e local, para estimular os países a assegurar que todas as partes – trabalhadores, sindicatos, empresas, governos locais e nacionais – trabalhem juntas no contexto de uma economia sustentável de baixos níveis de carvão e se beneficiem com a criação de empregos verdes de bom nível. No momento, a ITUC atua junto a uma série de cidades do mundo inteiro – tendo Oslo e Sydney na liderança – e com várias empresas, entre elas membros do Sistema B, para alcançar a meta do carbono zero usando uma estratégia de transição justa. Sharan espera atingir a meta de cinco cidades e empresas por ano, missão muito ambiciosa, mas viável, e comparável, segundo ela, em complexidade e alcance, ao contrato social conhecido como Plano Marshall, que entre 1948 e 1951 desencadeou a recuperação econômica de uma Europa destruída.

A estratégia de transição justa da ITUC significa encontrar emprego para trabalhadores afetados que estejam precisando, fornecer treinamento quando necessário e assegurar uma renda decente com assistência de saúde, aos que não conseguirem encontrar novos empregos. Ken insiste com veemência que uma transição justa deve significar mais que simplesmente proporcionar assistência social. Ele quer evitar a reação "automática" do fornecimento de seguro-desemprego – os benefícios oferecidos pelo Estado canadense aos desempregados – como estratégia de longo prazo, algo que viu acontecer depois do fechamento da mina de Brunswick. "O seguro-desemprego não foi criado para servir de tábua de salvação a longo prazo", diz ele. "Era uma ponte para o próximo emprego. Para mim, seguro-desemprego é como botar um band-aid numa cirurgia de coração aberto. Não vai estancar o sangramento." Em vez disso, sustentam Ken e Sharan, os governos precisam orientar os investimentos para lugares em que haja perda de empregos e estimular o desenvolvimento econômico. "Realmente precisamos pressionar os governos a forçar as empresas que sabem que a mudança climática está chegando, e que terão de enxugar vagas, a investir na criação de outros empregos. É muito simples", arremata ele.

Quando consegue acumular folgas, Ken muitas vezes volta a Bathurst com a mulher para encontrar a filha, que ainda vive na cidade, e visitar a cunhada. Às vezes, nessas viagens, ele pega o caminhão e vai até o antigo local da mina de Brunswick. Embora toda a estrutura – caldeira, poços, moinho e prédios de escritórios – há muito tenha sido demolida, a antiga mina de Brunswick ainda é uma dramática cicatriz na paisagem. Um profundo tanque de refugos –

enorme buraco de cimento usado para armazenar a água e os dejetos da mina – aparece bem à frente de uma grande colina verdejante que é pulverizada todo ano para neutralizar as infiltrações tóxicas que continuam a sair da terra. Mas contemplando essa paisagem de abandono Ken enxerga apenas a agitação da mina no seu auge e sorri à lembrança das amizades consolidadas com sangue, suor e lama. "Tivemos mortes, ferimentos e greves na mina de Brunswick. Mas a gente tenta se lembrar dos bons tempos e do bom humor. Sou capaz de ficar por lá dando uma olhada e ver tudo aquilo, onde era o moinho, as cruzes, onde aconteceram as coisas boas e as ruins. São muitas lembranças." Agora, quando Ken encontra os antigos companheiros de Brunswick, a conversa inevitavelmente descamba para a saudade. "Dizemos que não sabíamos como aquilo era bom, até que perdemos. Nenhum de nós encontrou outro trabalho que fosse tão bom. Trabalhávamos com os amigos e a família, e nos tornamos uma família maior. Foi isso que perdemos, mas também é disso que nos lembramos."

A nova família de Ken é formada por 3.500 empregados da Suncor, em Fort McMurray, que esperam que o presidente de seu sindicato possa ajudá-los na inevitável transição para deixar os combustíveis fósseis para trás. Dessa vez, com a ajuda de Sharan Burrow e da ITUC, Ken está focado numa abordagem abrangente que não leve em conta apenas as necessidades dos trabalhadores, protegendo também a comunidade como um todo. "Quero ser aquele sujeito que cuida do trabalhador e da comunidade que o protegeu. Não posso permitir que 3.500 trabalhadores e suas famílias sejam jogados na rua. Não há lugar para o fracasso; simplesmente é muita coisa em jogo."

10

PARIS: O DESAFIO DE PÔR EM PRÁTICA

PRECISAMENTE ÀS 19H16MIN do dia 12 de dezembro de 2015, num centro de convenções do Aeroporto Le Bourget, nas imediações de Paris, o ministro de Relações Exteriores da França, Laurent Fabius, bateu com um martelo verde na mesa. Nesse instante, depois de uma maratona de duas semanas de negociações, nascia o primeiro acordo mundial para combater os piores efeitos da mudança climática. Os delegados presentes – dirigentes e ministros de todo o mundo, diplomatas, líderes empresariais e representantes da sociedade civil – levantaram-se e começaram a aplaudir delirantemente. E logo vieram os abraços em meio à euforia generalizada. Olhando ao redor, vi que muitos estávamos em lágrimas.

Depois de duas décadas de tentativas fracassadas e becos sem saída – e apenas seis anos depois dos ressentimentos de Copenhague –, um acordo como aquele parecera em dado momento impossível. Agora, um novo e belo acordo – o Acordo de Paris – abria caminho para uma histórica transformação da economia mundial baseada nos combustíveis fósseis, comprometendo países ricos e pobres a limitar suas emissões em níveis seguros. Os países pobres precisariam de uma ajuda de bilhões de dólares a mais para enfrentar os efeitos extremos da mudança climática e fazer a transição para uma economia mais verde, movida a energias renováveis. Numa cidade ainda em estado de choque desde os atentados terroristas que haviam matado 130 pessoas um mês antes, o Acordo de Paris era uma vitória da esperança sobre as trevas: a melhor oportunidade, até então, para que o mundo começasse a prevenir os efeitos mais devastadores do aquecimento planetário.

Depois de duas semanas dormindo pouco, tendo passado longos dias em prédios improvisados nas imediações de Paris, estávamos completamente exaustos, felizes e orgulhosos. O Acordo de Paris não era apenas uma virada histórica na corrida para prevenir as consequências potencialmente desastrosas de um planeta superaquecido, mas também uma inequívoca confirmação dos princípios da justiça climática. Podia mesmo ser considerado, como eu diria a um repórter mais tarde naquela noite, um "acordo pela humanidade", em todos os sentidos. Os arquitetos do Acordo reconheciam no texto a importância da justiça climática, comprometendo-se com os direitos humanos e a igualdade de gênero, estabeleciam um sistema de fiscalização dos avanços em nível nacional e convenciam os países ricos a financiar ações de intervenção climática nos países mais pobres. Com o compromisso de manter o aquecimento global "bem abaixo" de uma elevação de 2 °C acima das temperaturas pré-industriais, o documento também dava ouvido às reivindicações de Anote Tong e do povo de Kiribati, assim como de 47 dos países mais pobres do mundo, cujas necessidades específicas eram até então ignoradas em meio à política de poder das negociações sobre o clima. Agora Tong e os dirigentes de outras pequenas nações insulares, como Tony de Brum, das Ilhas Marshall, voltavam para casa de cabeça erguida para dizer ao seu povo que esses países ainda podiam ter salvação. Ao concordar em reduzir as emissões dos gases do efeito estufa a zero até a segunda metade do século XXI, o Acordo de Paris reconhecia o trabalho de Hindou, Constance e Patricia. Retornando ao Chade, à Uganda e ao Alasca, elas diriam em suas comunidades que o mundo agora se afastava da dependência aos combustíveis fósseis em direção a formas mais limpas e sustentáveis de energia, uso da terra e gestão do lixo.

O dia 12 de dezembro já era uma data auspiciosa no calendário da família Robinson, pois 45 anos antes eu e meu marido Nick tínhamos trocado os votos de casamento. Trinta e três anos depois, na mesmíssima data, nascia nosso primeiro neto, Rory. Exatamente doze anos, dia após dia, desde que olhei pela primeira vez nos olhos de Rory e me dei conta de que o combate para limitar a mudança climática ocuparia uma posição central no meu trabalho, eu estava comemorando um decisivo acordo global capaz de oferecer a esse menino e a sua geração a chance de viver num mundo melhor.

∞

Na parede do seu escritório, Christiana Figueres, ex-diretora da Convenção-Quadro das Nações Unidas sobre Mudança do Clima e uma das principais arquitetas do Acordo de Paris, tem um lema emoldurado: "O impossível não é um fato, é uma atitude." O aforismo lhe permitiu conseguir o que muitos consideravam inalcançável depois das negociações de Copenhague: assumir a liderança da UNFCCC e passar seis duros anos aprendendo com os erros de Copenhague a forjar um acordo que funcionasse para todos os países, tanto ricos quanto pobres. Reconhecendo o fracasso do Protocolo de Kyoto, de 1997, pelo qual só os países desenvolvidos se comprometiam a reduzir as emissões dos gases do efeito estufa, o governo do presidente francês François Hollande tomou a iniciativa, no encaminhamento da reunião de Paris, de estimular os países participantes – não importando o tamanho do seu PIB – a apresentar um plano de redução da geração de carbono, especificando quantidades e *modus operandi*. Esses planos – que ficaram conhecidos como pretendidas Contribuições Determinadas a Nível Nacional (Nationally Determined Contributions – NDCs) – se tornaram uma virada histórica, quando mais de 190 países concordaram em cumprir suas metas. Os países participantes deverão voltar a se reunir de cinco em cinco anos com planos atualizados para reduzir ainda mais a geração de carbono, passando, a partir de 2023, a prestar contas sobre os avanços com a mesma periodicidade. Embora não estejam previstas penalidades por eventual não cumprimento, a expectativa é de que os países se atenham às metas dos respectivos NDCs – em primeiro lugar por preocupação com o planeta, mas também pelo risco de serem criticados pelos outros países, por fazerem corpo mole na questão da mudança climática.

No dia 1º de julho de 2017, os temores que me haviam mantido acordada naquela noite de novembro na hospedaria de Marrakesh se concretizaram, pois o presidente Donald Trump anunciou que os Estados Unidos se retirariam do Acordo de Paris sobre o clima. Em minha casa, na Irlanda, vi Trump discursando no Jardim das Rosas da Casa Branca, denunciando o documento de Paris como um acordo "draconiano" e alegando que se retirava para reafirmar a soberania do país. Eu sabia que os Estados Unidos, o segundo maior poluidor do mundo depois da China, seriam fundamentais para o sucesso do Acordo, pois só o seu compromisso nos termos dos NDCs representaria mais de um quinto das emissões a serem evitadas até 2030. Além disso, se os Estados Unidos não cumprissem seus compromissos com o Fundo Verde para o Clima e outros modos de financiamento, os países em desenvolvimento teriam ainda maior dificuldade de avançar para as energias renováveis. Não é justo que os Estados Unidos simplesmente ignorem suas responsabilidades não só frente ao seu próprio povo, como frente aos demais, a bem dos lucros de curto prazo auferidos graças aos combustíveis fósseis, e abandonem um acordo que foi negociado por mais de 190 líderes mundiais, ao longo de décadas, para o bem de todos os povos do planeta.

Mas o meu receio de que a retirada dos Estados Unidos solapasse o Acordo de Paris não se concretizou por dois motivos. Primeiro, o resto do mundo se preparou para redobrar os próprios compromissos em relação ao clima. Minutos depois da fala de Trump, os dirigentes de França, Alemanha e Itália divulgaram uma declaração conjunta dizendo que o acordo era "irreversível" e que seus países persistiriam em suas metas. No dia seguinte, um coro mundial de rejeição e crítica à decisão estadunidense se manifestou em editoriais de importantes jornais e no noticiário dos mais variados veículos. Da China à Índia, passando pela Rússia e a União Europeia, sucessivos governantes se posicionaram reafirmando seu compromisso com Paris. Ao falar pela televisão de Paris, o recém-eleito presidente francês, Emmanuel Macron, convidou os cientistas estadunidenses trabalhando na questão climática a dar prosseguimento a suas pesquisas na França, comprometendo-se a "tornar nosso planeta grande de novo". Em Berlim, a chanceler Angela Merkel criticou a decisão de Trump, dizendo que ela "não deteria todos nós que nos sentimos na obrigação de proteger o planeta".

Nos Estados Unidos, uma aliança de cidades, estados e empresas – liderada pelo governador da Califórnia, Jerry Brown, e o ex-prefeito de Nova York Michael Bloomberg – se comprometeu a levar adiante os respectivos planos de diminuição das emissões e a trabalhar separadamente com a Convenção-Quadro das Nações Unidas sobre Mudança do Clima. "Faremos tudo que os Estados Unidos teriam feito se tivessem mantido seu compromisso", declarou Bloomberg. Até o fim da semana, a mensagem era clara: não havia lugar para retórica partidária na crise enfrentada por todos, e o mundo – com ou sem a participação do governo dos Estados Unidos – iria em frente na luta para conter a mudança climática. Como observaria Christiana Figueres no fim do verão de 2017, a decisão de Trump de se retirar do Acordo de Paris tinha mobilizado o resto do mundo e favorecido o Acordo, gerando uma enorme onda de apoio que o movimento de defesa do clima dificilmente teria conseguido sozinho. "Já comecei a escrever minha carta de agradecimento ao presidente Trump", ironizou Christiana.

∞

Nos últimos três anos, as emissões globais de dióxido de carbono geradas pela queima de combustíveis fósseis se mantiveram estáveis, depois de aumentarem durante décadas. Mais estimulante ainda é o fato de que essas emissões estacionaram, ao mesmo tempo que a economia global e o PIB de grandes países desenvolvidos e em desenvolvimento cresceram.[1] É uma excelente notícia, um promissor sinal de que nosso trabalho de atenuação dos efeitos climáticos começa a surtir efeito. Contudo, apesar desses sinais positivos, um inédito esforço global ainda é necessário para manter o aquecimento bem abaixo de 2 °C acima dos níveis pré-industriais e salvar Kiribati e a vida de milhões de pessoas em situação de vulnerabilidade em áreas litorâneas do mundo inteiro. Ainda que todos os países cumprissem as metas estabelecidas por NDC no Acordo de Paris, os cientistas preveem que continuaria prevalecendo um aumento global de temperatura de mais de 2,7 °C.

Estamos diante de uma dura verdade: embora Paris permaneça como um sucesso inédito, também constitui um alicerce frágil para as ações que devem ser empreendidas. O movimento para enfrentar a questão da mudança climática e promover a justiça climática precisa agora evoluir para uma nova etapa com urgência e determinação. Todos nós somos responsáveis: governos, tanto os poderosos quanto os pequenos, prósperos ou pobres; cidades, comunidades, líderes empresariais e indivíduos. Devemos todos aproveitar essa oportunidade. A ameaça enfrentada por nosso planeta pode ser terrível, mas a oportunidade em potencial também é histórica: a chance de deter uma ameaça existencial, de vencer a pobreza e a desigualdade e conferir poder àqueles que foram deixados para trás e negligenciados.

---

1 Christiana Figueres et al., "Three Years to Safeguard Our Climate", *Nature*, 28 de junho de 2017, <www.nature.com/news/three-years-to-safeguard-our-climate-1.22201#/b1>.

À medida que avançarmos com arrojo nessa nova etapa, só teremos êxito se reconhecermos que o combate no terreno da mudança climática está inextricavelmente associado ao enfrentamento da pobreza, da desigualdade e da exclusão. Se tivermos sempre em mente essa relação, nossas soluções serão mais eficazes e duradouras. O crescimento econômico baseado em políticas sustentáveis de energia e uso da terra protegerá a vida dos mais vulneráveis dos efeitos da mudança climática, representando a melhor oportunidade de tirar mais comunidades da pobreza. Se dermos voz àqueles que foram marginalizados e excluídos, nossos projetos e políticas, tanto públicos quanto privados, atacarão ao mesmo tempo as causas fundamentais da mudança climática e da desigualdade. Se seguirmos o exemplo dos indivíduos que estão na linha de frente da mudança climática, vamos enxergar uma luz de resiliência e esperança e acreditar que podemos promover mudanças. É o caso de Constance Okollet, que planta mangueiras, abacateiros e laranjeiras em sua aldeia, no leste de Uganda, a fim de conter a erosão das terras aráveis e prevenir enchentes. Ou de Natalie Isaacs, que leva seu movimento da mesa de cozinha a lares do mundo inteiro, inspirando as mulheres a promover em seu cotidiano pequenas mudanças que causarão grande impacto em nossa pegada global de carbono. Ou ainda de Sharon Hanshaw, a militante acidental, que usou sua voz a fim de chamar atenção para a injustiça sentida por sua comunidade marginalizada depois do furacão Katrina.

Muitas vezes penso no meu pai, um médico de família cuja vida foi transformada pela introdução da eletrificação rural na Irlanda. Ainda me lembro do espanto em sua voz ao falar da revolução que o simples pressionar de um interruptor representava no seu cotidiano profissional. Graças à luz elétrica, meu pai não precisava mais trazer bebês ao mundo ou cuidar de ferimentos e ossos quebrados à luz de velas. Bombas movidas à eletricidade levavam água fresca diretamente à casa dos pacientes, lâmpadas elétricas substituíam lâmpadas a óleo fracas e perigosas, a indústria rural floresceu e o rádio pôs fim ao isolamento social, levando notícias e entretenimento a famílias rurais em todo o país. Mas a dura realidade é que hoje em dia, em todo o mundo, o número de pessoas que vivem sem eletricidade é tão grande quanto na época em que Thomas Edison inventou a lâmpada elétrica. Sem acesso permanente à eletricidade, os médicos não podem dar assistência clínica depois do pôr do sol. Os pacientes do mundo em desenvolvimento não se beneficiam com o uso de raios X, ultrassom ou incubadoras. Vacinas e remédios não podem ser estocados, e os médicos ficam impedidos de se comunicar com outros profissionais de saúde. Quase 3 bilhões de pessoas ainda vivem sem acesso a uma cozinha higiênica. Para cozinharem, eles usam combustíveis sólidos altamente poluentes – madeira, carvão vegetal, estrume animal e refugos de colheita –, gerando fumaça que mata mais de 4 milhões de pessoas anualmente,[2] sobretudo mulheres e crianças na África e na Ásia, fazendo adoecer outros milhões mais.

O fornecimento de eletricidade a 1,3 bilhão de pessoas que não têm acesso a ela no mundo em desenvolvimento é um dos maiores desafios do planeta. O desenvolvimento não é possível sem energia, mas precisamos seguir as metas es-

---

2 Organização Mundial da Saúde, "Household Air Pollution and Health", ficha informativa nº 292, fevereiro de 2016, <www.who.int/mediacentre/factsheets/fs292/en/>.

tabelecidas no Acordo de Paris e gerar acesso à eletricidade limpa, de preço acessível e sustentável. Já dispomos de exemplos inspiradores de países do mundo em desenvolvimento que adotaram soluções de energia renovável. A Índia, terceiro maior emissor de dióxido de carbono, onde 240 milhões de pessoas ainda carecem de acesso adequado à eletricidade, tem a opção de usar o carvão para expandir rapidamente a rede elétrica do país, mas o governo indiano se comprometeu a fornecer eletricidade a toda a população até 2030 assumindo globalmente a liderança no terreno da energia solar. Está incluída aí a ambiciosa meta de gerar 160 gigawatts de energia eólica e solar até 2022. Graças a um fundo de 1 bilhão de dólares fornecido pelo Banco Mundial,[3] o governo indiano vai se empenhar em instalar painéis solares nos telhados de casas do país inteiro para que as crianças indianas estudem à noite e as famílias refrigerem e cozinhem os alimentos.

No estado indiano de Gujarat, no extremo ocidental do país, as mulheres cozinham com combustíveis limpos e carregam seus celulares graças a painéis solares instalados nos telhados. Rachel Kyte, diretora-executiva da Sustainable Energy for All e representante especial do secretário-geral da ONU, afirma que a maneira tradicional de ligar as pessoas à rede elétrica – por meio de postes, fiação de cobre e carvão barato – não faz mais sentido na era da energia limpa e da solar. "A maneira mais barata, rápida e fácil de fornecer energia às populações do mundo em desenvolvimento é por meio de sistemas renováveis, independentes das redes elétricas", diz

---

[3] Banco Mundial, "Solar Powers India's Clean Energy Revolution", <www.worldbank.org/en/news/immersive-story/2017/06/29/solar-powers-india-s-clean-energy-revolution>.

ela. Uma vez que estejam eletrificadas e tenham acesso a uma cozinha higiênica, as comunidades também disporão de melhor assistência de saúde e de escolas com luz elétrica onde as crianças possam estudar por mais tempo.

Capacitar indivíduos sem acesso a serviços básicos é o objetivo de Sheela Patel, que trabalha para fornecer água, saneamento e eletricidade a mais de 1 bilhão de pessoas que vivem em favelas no mundo inteiro. Sheela é presidente da Slum/Shack Dwellers International (SDI), rede de organizações comunitárias de populações urbanas pobres de 33 países e centenas de cidades e povoados. Dada a precariedade das construções nas favelas e em outros assentamentos informais, essas áreas tendem a ser mais afetadas por fenômenos climáticos extremos, enfrentando situações de maior urgência em termos de resiliência climática. Em 2014, para ajudar essas comunidades a se preparar melhor para a investida da mudança climática, a SDI lançou a Campanha Conheça a Sua Cidade com o objetivo de mapear favelas, traçar seu perfil geográfico e humano e usar os dados colhidos no aprimoramento da cidade e na gestão dos riscos climáticos. Os dados e o mapeamento permitem aos moradores "reconfigurar" suas comunidades, numa nova acomodação física que crie novas ruas e espaços públicos, permitindo a introdução de eletricidade e saneamento, além de atribuir um endereço a cada residência. Até o momento, a SDI mapeou aproximadamente quinhentas cidades e mais de 7 mil favelas. Nas regiões leste, oeste e sul da África, a organização contribuiu para introdução de 21 centros de fornecimento de serviços de energia em oito países, atualmente responsáveis pelo abastecimento de energia solar em 15 mil residências localizadas em favelas. Por meio da rede da SDI, as federações puderam levar água limpa a aproximadamente 185 mil residências e construíram banheiros em outras 220 mil. Ao ajudarem os moradores de favelas de Monróvia a remapear o assentamento ou as moradoras de Gujarat a instalar painéis solares nos telhados, Rachel e Sheela demonstram que no mundo em desenvolvimento é possível encontrar muitas soluções relativas às mudanças climáticas. Todos nos beneficiaremos se os povos dos países em desenvolvimento forem apoiados com mais estímulos financeiros e maior acesso à tecnologia, numa escala que a comunidade internacional com frequência tem prometido mas raramente oferecido de fato. Não se trata de ajuda ou caridade. Na luta para enfrentar a mudança climática, é pura e simplesmente mostrar-se esclarecido em interesse próprio.

∞

Em abril de 2017, um grupo de cientistas, líderes empresariais e militantes das questões climáticas divulgou um pioneiro relatório que identificava 2020 como o ano em que seria possível virar o jogo na questão do aquecimento global. O documento advertia que, se as emissões continuarem aumentando depois de 2020 ou mesmo se se mantiverem no atual nível, as metas estabelecidas no Acordo de Paris em relação à temperatura não poderão ser alcançadas. Levando a sério esse prazo, Christiana Figueres criou uma nova iniciativa, a Missão 2020, com o objetivo de baixar até esse ano a curva das emissões de gases do efeito estufa. Essa pode ser a única chance que ainda nos resta. Christiana reconhece que o Acordo de Paris não apresenta um plano de ação imediata para promover rápido declínio das emissões até esse ano. "O Acordo de Paris não contempla a questão da urgência", diz ela. "Nós de fato estabelecemos um objetivo de longo prazo, a total descarbonização até a segunda metade do século, mas num raciocínio retroativo a partir dessa meta nos damos conta de que teremos de nos posicionar em relação a 2020 como um momento decisivo." A boa notícia, na opinião de Christiana, é que as metas de temperatura estabelecidas em Paris ainda podem ser atingidas se as emissões começarem a diminuir até 2020.

Reunindo um plantel de mentes privilegiadas, Christiana estabeleceu um roteiro ousado, mas viável, a ser seguido por líderes empresariais, investidores e dirigentes públicos, e que abarca seis setores: energia, transportes, infraestrutura, uso da terra, indústria e finanças. Esse roteiro contempla soluções climáticas que já funcionam, entre elas um plano visando alcançar a produção de eletricidade 100% renovável e ao mesmo tempo assegurar que os mercados deem sustentação à expansão da energia renovável.[4] Christiana cita o caso do seu país, a Costa Rica, que em 2015 garantiu 99% do abastecimento de eletricidade recorrendo às energias renováveis. Valendo-se de uma combinação de fontes renováveis, entre elas a hidráulica, eólica, solar e de biomassa, o pequeno país da América Central espera tornar-se totalmente neutro em carbono até 2021. "Imagine só, meu pequeno país como detentor do recorde mundial de produção de eletricidade a partir de energia renovável!", diz ela. "É uma trajetória realmente impressionante que pode servir de exemplo a outros países." Bem mais ao sul, o Uruguai, que investiu pesado na energia eólica e solar, tem hoje 95% do seu abastecimento de eletricidade garantido por fontes renováveis.

---

4 Figueres et al., "Three Years to Safeguard Our Climate", op. cit.

O plano da Missão 2020 tem como alvo os golias do consumo de combustíveis fósseis que vêm assumindo compromissos bem promissores em relação à dependência a energias renováveis. A China, maior emissor mundial de gases do efeito estufa, tornou-se uma superpotência das energias renováveis, solidificando uma liderança mundial nas fontes solares, eólicas e de outros tipos. Embora o país ainda invista pesado no carvão, em 2016 acrescentou mais de 34 gigawatts de capacidade solar, que mais que dobrou nesse ano.[5] A China já responde por dois terços da produção mundial de painéis solares e quase metade das turbinas de vento. Pelo atual Plano Quinquenal, o governo chinês pretende dispor de nada menos que 750 gigawatts de capacidade de energias renováveis até 2020,[6] mais que a de todos os demais países da Organização para a Cooperação e o Desenvolvimento Econômico (OCDE) juntos. A Índia, terceiro emissor global, recentemente reviu suas metas do Acordo de Paris, pretendendo agora assegurar que 60% da sua eletricidade derive de energias renováveis até 2027, três anos antes do que estava previsto. Em termos globais, as estimativas indicam que por si só a energia solar seria capaz de atender a 30% das necessidades mundiais de eletricidade até 2050.[7] O lançamento em agosto de 2017 do filme *Uma verdade mais inconveniente*, de Al Gore, que o promoveu internacionalmente com sua co-

---

5 Steve Hanley, "China Doubled Its Solar Capacity in 2016", *CleanTechnica*, 9 de fevereiro de 2017, <www.cleantechnica.com/2017/02/09/china-doubled-solar-capacity-2016/>.
6 Brian Wang, "Solar Power in 2020 World Will Nearly Triple Current Levels to about 450 GW and Global Wind Power Will Be about 750 GW", *NextBigFuture*, 22 de março de 2016, <www.nextbigfuture.com/2016/03/solar-power-in-2020-world-will-nearly.html>.
7 Figueres et al., "Three Years to Safeguard Our Climate", op. cit.

nhecida eloquência, contribuiu para reforçar o impulso em direção às energias renováveis e às questões de sustentabilidade.

No entanto, as histórias que mais me inspiram são as de países em desenvolvimento, que mais sofrem com a mudança climática, dão as costas aos combustíveis fósseis e promovem a transição para as energias renováveis. Embora dois terços da população atualmente não tenham acesso à eletricidade, a Etiópia se comprometeu com ambiciosas reduções das emissões e a investir em energias renováveis até 2025.[8] As Ilhas Fiji, que um dia poderão abrigar a nação de Kiribati, prometeram depender exclusivamente das energias renováveis até 2030. Em 2017, mais de metade da produção energética das Ilhas Fiji era de origem hidrelétrica, o que representava um aumento anual acima de 20%. O Quênia, onde apenas metade da população tem acesso à eletricidade, diminuiu os custos da importação de eletricidade em 51% recorrendo à energia geotérmica. O país pretende até 2030 gerar mais de 70% de sua eletricidade por meio de energias renováveis, graças, entre outras, às fontes eólicas e geotérmicas.[9] Em 2015, mais de metade dos investimentos globais em energias renováveis, totalizando 286 bilhões de dólares,

---

8 República Democrática Federal da Etiópia, "Intended Nationally Determined Contribution (NDC) of the Federal Democratic Republic of Ethiopia", Convenção-Quadro das Nações Unidas sobre a Mudança do Clima, <www4.unfccc.int/submissions/INDC/Published%20Documents/Ethiopia/1/INDC-Ethiopia-100615.pdf>.
9 Maina Waruru, "Kenya on Track to More Than Double Geothermal Power Production", *Renewable Energy World*, 15 de junho de 2016, <www.renewableenergyworld.com/articles/2016/06/kenya-on-track-to-more--than-double-geother mal-power-production.html>.

se destinaram a projetos energéticos em países emergentes ou em desenvolvimento.[10]

Fundamentais para alcançar as metas do Acordo de Paris são os governos municipais e regionais, capazes de ajudar com as políticas de transporte e infraestrutura. Essa abordagem regional foi enfaticamente defendida por Laurence Tubiana, embaixadora da França para as questões climáticas durante os preparativos para a reunião de Paris. Em novembro de 2016, na conferência sobre o clima promovida pela ONU em Marrakesh, ela e Hakima El Haite, outra batalhadora das questões climáticas, lançaram a 2050 Pathways Platform, com o objetivo de apoiar o desenvolvimento de estratégias visando à diminuição a longo prazo das emissões dos gases do efeito estufa. O governador da Califórnia, Jerry Brown, destacou-se concretamente como um dos líderes na questão da mudança climática nos Estados Unidos; dezenas de estados e cerca de 160 cidades se comprometeram a contribuir para que as metas de Paris sejam alcançadas nos Estados Unidos, com ou sem apoio de Washington. Como boa parte dos esforços de redução das emissões acontece nos níveis local e estadual – seja pelo estabelecimento de normas sobre energias renováveis por parte de empresas públicas, de regras de eficiência no uso de utensílios domésticos ou de padrões de rendimento de combustíveis por quilometragem –, essa aliança regional estadunidense pode muito bem fazer a diferença. A Califórnia, que permite um interessante estudo de caso nas questões climáticas, deixa claro que múltiplas soluções podem funcionar paralelamente à diminuição das emissões de carbono e ainda assim expandir rapidamente a

---

10 Figueres et al., "Three Years to Safeguard Our Climate", op. cit.

economia. Em 2006, a visionária legislação climática do estado determinava que até 2020 as emissões de gases do efeito estufa fossem reduzidas aos níveis de 1990, meta que está perto de ser alcançada.[11]

O C40 Cities Climate Leadership Group, uma rede de noventa cidades do mundo inteiro comprometidas com o combate às mudanças climáticas, entre elas Nova York, Londres, Paris, Sidney e Seul, adotou uma estratégia própria, a Deadline 2020 [Prazo Final 2020], alinhando seu próprio plano de redução das emissões de carbono com o Acordo de Paris. Cidades e administrações regionais têm posto em prática planos de ação para descarbonizar totalmente prédios e infraestruturas até 2050.[12]

O presidente da França tornou-se o mais destacado promotor das iniciativas de caráter regional para combater a mudança climática. No dia 12 de dezembro de 2017, segundo aniversário do Acordo de Paris, fui convidada a participar da Reunião de Cúpula Um Só Planeta (One Planet Summit) convocada pelo presidente Emmanuel Macron. Na tarde anterior à reunião, o presidente Macron convidou o grupo The Elders[13] – entre eles eu mesma, Kofi Annan, Gro Brundtland, Lakhdar Brahimi e Ban Ki-moon – a se encontrar com ele no Palácio do Eliseu. Tratamos de uma série de problemas, entre os quais o Oriente Médio, a crise dos refugiados, a Coreia do Norte e Myanmar. O presidente Macron expôs os motivos

---

11 Paul Hawken, ed., *Drawdown: The Most Comprehensive Plan Ever Proposed to Reverse Global Warming* (Nova York: Penguin Books, 2017).
12 Figueres et al., "Three Years to Safeguard Our Climate", op. cit.
13 Grupo independente de dirigentes de diferentes países fundado em 2007 por Nelson Mandela para a promoção da paz e dos direitos humanos.

de ter convocado a reunião[14] manifestando sua preocupação – por nós compartilhada – com o fato de nos dois anos decorridos desde o Acordo de Paris não se ter avançado o suficiente em direção à meta de permanecer bem abaixo de 2 °C, trabalhando para chegar a 1,5 °C. O presidente convidara chefes de Estado e de governo, governadores, prefeitos e líderes empresariais, filantrópicos e da sociedade civil a comparecer à reunião de cúpula desde que estivessem dispostos a se mostrar significativamente mais ambiciosos na questão das metas, e durante a reunião foram anunciadas doze importantes coalizões de ação coordenada. Preocupado com a devida prestação de contas, o presidente Macron anunciou aos veteranos que uma segunda reunião de cúpula seria realizada em dezembro de 2018 para avaliar a concretização dos compromissos assumidos. Ouvindo Macron falar do outro lado da mesa, uma ideia subitamente me ocorreu: o presidente da França era mais jovem que os meus dois filhos mais velhos!

Estou muito envolvida com um exemplo de liderança empresarial chamado Sistema B, que reúne um número cada vez maior de líderes empresariais de todo o mundo, entre eles Sir Richard Branson, do Virgin Group, e Jochen Zeitz, da Zeitz Foundation. Os integrantes do Sistema B se comprometem com uma nova forma de ação empresarial que prioriza as pessoas e o planeta paralelamente ao lucro – um "Plano B" para os negócios. O Sistema B se tem revelado aberto a novos desafios: numa reunião à margem do Fórum Econômico Mundial de janeiro de 2015, as empresas a ela ligadas se comprometeram a atingir uma meta de zero emissões de gases do efeito estufa até 2050. Era um objetivo ambicioso, e não

---

14 One Planet Summit, <www.oneplanetsummit.fr.>

havia outras empresas dispostas a assumir compromissos tão ousados. Ouvindo os cientistas que investigam as questões climáticas e resolvendo testar sua própria capacidade, os integrantes do Sistema B decidiram adotar essa meta, usando-a como parte de sua pregação durante os preparativos para a reunião de Paris. Se essas empresas forem capazes de demonstrar que de fato evoluem para emissões zero, ao mesmo tempo protegendo os trabalhadores, graças a uma transição justa, e respeitando os direitos humanos, exercerão poderosa influência no mundo empresarial.

Se quisermos alcançar a meta de limitar as emissões até 2020, precisaremos que mais empresas sigam o exemplo do Sistema B. Precisamos de uma mudança radical na maneira como os negócios são empreendidos e o dinheiro é investido: um pouquinho de responsabilidade social e de políticas verdes por parte das corporações não vai bastar. Para manter o aquecimento abaixo de 1,5 °C serão necessárias mudanças fundamentais nas cadeias de abastecimento, no uso da energia, nas políticas de suprimento e até no marketing. As iniciativas bem-sucedidas são encorajadoras, e é crucial que sejam compartilhadas. Divulgar os casos de países, governos regionais e empresas que estão atingindo ou mesmo superando suas metas em relação às emissões servirá para inspirar outros, contribuindo para que sejam traçados novos objetivos ainda mais ambiciosos. O mesmo no que diz respeito às vozes dotadas de autoridade moral, como a do papa Francisco, que em seu manifesto sobre a questão ambiental, *Laudato si'*, lamenta a devastação que disseminamos em nosso planeta, perigosamente degradado. Nessa encíclica, fazendo eco à linguagem da justiça climática, Francisco considera o acesso à água "um direito humano básico e universal" e critica o fato de que "o aquecimento causado por gigantescos níveis de consumo em certos países ricos tem repercussões nas regiões mais pobres do mundo, especialmente na África, onde a elevação da temperatura, paralelamente às secas, se revelou devastadora para a agricultura". Não basta salvar o planeta, lembra Francisco; também precisamos conter nossa obsessão com o consumo, que está destruindo nossa Terra.

Repetidas vezes a história tem mostrado que quando nos unimos somos capazes de muita coisa. Hoje em dia nosso mundo, não obstante as desigualdades e o sofrimento, está muito melhor sob muitos aspectos. A ação coletiva reduziu à metade o analfabetismo entre 1970 e 2005. A expectativa de vida mundial aumentou de apenas 48 anos em 1950 para mais de 75 atualmente. Nos últimos 25 anos, a mortalidade infantil caiu pela metade no mundo. Isso tudo prova que podemos enfrentar com êxito enormes desafios ambientais e existenciais quando colocamos o ser humano no centro de tudo que empreendemos.

∞

Eu penso muito nesse mundo de 2050, quando meus seis netos estarão na faixa dos 30 a 40 anos, compartilhando o espaço global com mais de 9 bilhões de pessoas. Como conseguirão viver em harmonia social, dispondo de comida, água e acesso à saúde, à educação e ao bem-estar em níveis suficientes para todos? Precisamos de um novo modo de viver em coletividade, e é preciso começar agora. Será necessário começar a lançar sementes de solidariedade humana e desenvolver um espírito global de compaixão. A ameaça existencial da mudança climática deixou claro como nunca a nossa interconexão, a nossa dependência mútua, como ficou evidente pelos três arrasadores furacões que varreram o Atlântico em 2017, devastando igualmente bairros ricos e pobres na Costa do Golfo, na Flórida e em Porto Rico. Nenhum país poderá avançar sozinho, e a questão é grave demais para ser entregue exclusivamente aos políticos. Ao mesmo tempo, os governos precisam manter seus compromissos e na verdade ambicionar mais, assim permitindo que as demais iniciativas a respeito da mudança climática sejam eficazes, protejam os direitos humanos, sejam inclusivas e sensíveis à questão dos gêneros.

O que aprendi com aqueles que me inspiraram a contar suas histórias foi que precisamos assumir responsabilidade pessoal pela família, pela comunidade e pelo ecossistema. E temos de fazê-lo com empatia e oferecendo apoio aos que são menos responsáveis pelo problema climático, mas que estão sofrendo mais. Eles é que estão mostrando o caminho, apesar de precisarem superar mais barreiras. A responsabilidade de pôr em prática as medidas necessárias para alcançar as metas do Acordo de Paris deve mais uma vez ser levada em níveis mais baixos. Ela deixou a esfera exclusiva dos Estados-nação e passou a ser compartilhada por regiões, cidades e empresas, pois chegou a hora de levá-la a famílias e comunidades. Cada um de nós pode desenvolver a própria responsabilidade individual, no sentido de levar uma vida mais sustentável. Melhor ainda, podemos desenvolver a responsabilidade da nossa família e tentar levar esse tipo de iniciativa no nível da comunidade. Escolas, universidades e locais de trabalho podem desenvolver sua responsabilidade por uma vida mais sustentável. Se atuarmos nessa direção com empatia em relação aos mais afetados pela mudança climática e menos responsáveis, estaremos construindo a solidariedade de que precisamos para que os países em desenvolvimento avancem sem emissões, levando-nos a um mundo mais justo, mais igualitário, mais voltado para o ser humano e mais equitativo do ponto de vista climático.

Nesses momentos, eu penso em Wangari Maathai, a militante ambiental e dos direitos humanos que ganhou o Prêmio Nobel da Paz. Wangari tinha um talento especial para identificar a ligação entre os problemas locais e globais, envolvendo as comunidades de base, especialmente as mulheres, na criação de soluções. Assim como Constance em Uganda, ela entendeu que a população podia reverter o desmatamento e a erosão do solo no seu país, o Quênia, simplesmente plantando árvores, uma a uma. Ridicularizada e ameaçada pelo governo do Quênia e os poderosos madeireiros do país, Wangari persistiu. Hoje, a organização por ela criada no Quênia em 1977, o Movimento do Cinturão Verde, já plantou mais de 51 milhões de árvores. Antes de morrer, em 2011, Wangari declarou: "Ao longo da história chega um momento em que a humanidade é chamada a evoluir para um novo nível de consciência, a alcançar um patamar moral mais elevado."

Pois chegamos a esse momento. E precisamos ir em busca desse patamar mais elevado.

Agradecimentos

Este livro começou por acidente. Em janeiro de 2016, Nick e eu estávamos em Nova York e convidamos Lynn Franklin, a agente que trabalhava nas minhas memórias, *Everybody Matters*, e George Gibson, editor da edição estadunidense, publicada pela Bloomsbury, para um drinque no nosso hotel, a fim de comemorar a aposentadoria de Lynn. Na conversa, George perguntou como ia o trabalho da minha fundação pela justiça climática. Manifestei minha convicção de que a única maneira de convencer as pessoas da realidade da mudança climática era contar as histórias daqueles que são afetados – sua coragem e sua resistência. George então lançou um desafio: "Gostaria muito de que você escrevesse um livro contando histórias em torno do tema da justiça climática. Se o fizer, eu o editarei e a Bloomsbury publicará." E Lynn acrescentou: "E eu me aposentaria de tudo mais, mas continuaria em ação por este livro!" Todos achamos muita graça da inesperada reviravolta, mas no fundo ficou claro que levávamos a coisa a sério.

Minha filha Tessa me ajudara na redação das memórias, mas não estava disponível para o novo projeto porque tinha voltado a advogar em tempo integral. Felizmente, Lynn propôs que me encontrasse com Caitríona Palmer, que por sua vez acabara de publicar seu excelente livro de memórias, *An Affair with My Mother*. Foi uma ideia inspirada, pois Caitríona e eu nos demos muito bem desde o início, e nossa amizade se aprofundou à medida que o trabalho avançava. Este livro tornou-se um verdadeiro trabalho de amor para todos nós. Encarávamos como uma missão a necessidade de chamar atenção para a urgência da mudança climática provocada pelo homem e para o fato de que precisa ser enfrentada pelas lentes da justiça climática.

As histórias são a essência e a força do livro e, portanto, Caitríona e eu temos uma enorme dívida com cada um daqueles que nos presentearam com suas histórias pessoais para que pudéssemos verdadeiramente entender: Constance Okollet, Sharon Hanshaw, Patricia Cochran, Hindou Oumarou Ibrahim, Jannie Staffansson, Vu Thi Hien, Anote Tong, Natalie Isaacs, Ken Smith, Sharan Burrow e Christiana Figueres.

Nem todas as histórias puderam ser incluídas integralmente, mas outras pessoas entrevistadas que contribuíram para dar forma ao livro foram Agnes Leina, Kathy Jetnil-Kijiner, Thilmeezza Hussain, Pa Ousman, Rachel Kyte e Sheela Patel.

Alguns amigos também nos aconselharam quanto à escolha das histórias e ao equilíbrio geral do livro, em particular Celine Clarke e Bride Rosney, as quais também deram valiosas sugestões sobre a redação final. Era importante que as histórias estivessem de acordo com a ciência climática, e agradeço a Jennifer McElwain, professora de botânica no Trinity College em Dublin e membro da diretoria da minha fundação, por seus conselhos e correções nesse sentido. Também gostaria de registrar meus agradecimentos e reconhecimento a Barbara Sweetman por sua paciência e profissionalismo na digitação dos diferentes rascunhos de capítulos divididos entre Caitríona, morando em Washington, D.C., e eu, em Dublin, e outros lugares onde estivesse trabalhando e fazendo campanha em questões de justiça climática. Cabe também registrar meu reconhecimento ao Ireland Fund de Mônaco por um prêmio que permitiu financiar a residência de Caitríona durante várias semanas na Princess Grace Irish Library.

Caitríona e eu apreciamos imensamente a orientação criteriosa e o detalhado trabalho de edição de George Gibson, e ficamos agradecidas por ter sido convidado a prosseguir como editor do livro ao se desvincular da Bloomsbury. Fico extremamente feliz pelo fato de a Bloomsbury ser a editora mundial de *Justiça climática: esperança, resiliência e a luta por um futuro sustentável*, tendo acreditado no livro desde o início.

Na Bloomsbury USA, Nancy Miller, editora associada e diretora editorial, e Ben Hyman, editor sênior, merecem uma menção especial; assim como Alexandra Pringle, editora chefe, e Emma Hopkin, diretora-gerente, na Bloomsbury UK.

Assumo plena responsabilidade por eventuais erros no livro, mas gostaria de encerrar com os mais calorosos agradecimentos a duas pessoas que estiveram presentes o tempo todo. Foi uma alegria trabalhar com Caitríona Palmer, e só posso admirar a habilidade com que me ajudou a contar as histórias com tanta empatia e profunda compreensão. E mais uma vez pude desfrutar do olhar perspicaz e do lápis vermelho do meu marido e grande aliado, Nick, cujo apoio pessoal tem sido de valor inestimável.

SOBRE AS ORGANIZAÇÕES

Instituto Alana

O Instituto Alana é uma organização da sociedade civil, sem fins lucrativos, e nasceu com a missão de "honrar a criança", origem de todo o seu trabalho, que começou em 1994, no Jardim Pantanal, Zona Leste de São Paulo. O instituto, mantido pelos rendimentos de um fundo patrimonial desde 2013, conta hoje com programas próprios e parceiros que buscam a garantia de condições para a vivência plena da infância.

Para cumprir essa missão, o Alana conta com uma série de programas que, entre suas atuações, defendem e visibilizam a justiça climática e socioambiental para todas as crianças. Desde a atuação no território com o programa Urbanizar até a mobilização de jovens do programa Criativos da Escola, passando pelas reflexões geradas pelo portal Lunetas, o instituto trabalha transversalmente para que a emergência climática vigente se concretize em políticas públicas que garantam a prioridade absoluta dos direitos de crianças e adolescentes, como previsto no art. 227 da Constituição Federal. Mais enfaticamente está o programa Criança e Natureza, que conta com um eixo temático e uma equipe dedicados à justiça climática (equipe que correaliza este livro).

LACLIMA

A Latin American Climate Lawyers Initiative for Mobilizing Action é uma rede de profissionais do direito da mudança climática na América Latina. As atividades da rede iniciaram-se no Brasil em 2019 e serão expandidas para toda a América Latina. É formada por centenas de advogados e advogadas e estudantes de direito que se dedicam ao estudo, desenvolvimento e compartilhamento de conhecimento sobre o direito da mudança climática. A atuação da rede se dá em quatro eixos: capacitação, pesquisa & desenvolvimento, *awareness* e *advocacy*. A LACLIMA coloca sua experiência, seu conhecimento e sua visão jurídica à disposição dos *stakeholders* e da sociedade brasileira para apoiar a implementação do Acordo de Paris e a construção das bases legais para a descarbonização das economias e o enfrentamento dos efeitos da crise climática no Brasil e no restante da América Latina.

Este livro foi composto na tipografia
Minion Pro, em corpo 11/15,3, e impresso em
papel off-white no Sistema Digital Instant Duplex
da Divisão Gráfica da Distribuidora Record.